美好的回味：
摄影

徐先玲　靳轶乔　编著

U0212753

中国商业出版社

图书在版编目（CIP）数据

美好的回味 : 摄影 / 徐先玲，靳轶乔编著 .—北京 : 中国商业出版社，2017.10

ISBN 978-7-5208-0056-3

Ⅰ .①美… Ⅱ .①徐… ②靳… Ⅲ .①摄影技术

Ⅳ .① TB8

中国版本图书馆 CIP 数据核字 (2017) 第 233011 号

责任编辑：唐伟荣

中国商业出版社出版发行

010-63180647　　www.c-cbook.com

（ 100053　北京广安门内报国寺 1 号 ）

新华书店经销

三河市同力彩印有限公司印刷

＊

710×1000 毫米　16 开　12 印张　195 千字

2018 年 1 月 第 1 版　2018 年 1 月 第 1 次 印 刷

定价：35.00 元

＊ ＊ ＊ ＊

（ 如有印装质量问题可更换 ）

目录

contents

第一章　什么是摄影

第一节　摄影的诞生 …………………………………………………………………… 2

1. 摄影是照相的艺术升华 …………………………………………… 2

2. 伟大的摄影科学家——尼埃普斯和达盖尔 ………………… 3

3. 照片的"生产过程"——摄影原理 ……………………… 7

4. 人类社会的"见证者"和"记录者" ………………… 12

第二节　摄影分类、摄影流派与摄影大赛 ………………… 15

1. 摄影分类 …………………………………………… 15

2. 摄影术中的"百家争鸣"——摄影流派 ……………… 17

3. 摄影师的精神殿堂——世界上最著名的摄影大赛 ……… 24

第二章　小相机，大视野

第一节　照相机概述 ………………………………………………………… 30

1. "针孔成像"——照相机的成像原理 ……………………31

2. "躯体大解剖"——照相机的结构 ·············· 32

3. "各显神通"——照相机的基本类型 ·············· 40

4. 小附件，大用处——摄影器材 ·············· 49

5. 小心呵护你的照相机 ·············· 53

6. 照相机维护大探秘 ·············· 55

7. 照相机购买技巧 ·············· 56

第二节　摄影技巧 ·············· 60

1. "一失足成千古恨"——曝光有"度" ·············· 60

2. 千挑万选——仔细挑选感光片 ·············· 63

3. 用虚还是用实——摄影中的景深 ·············· 65

4. 基本常识"大放送"——拍摄过程中的取景问题 ·············· 66

5. 奇妙的小镜片——滤光镜的选用 ·············· 78

6. 善变的色光——彩色摄影原理的掌握 ·············· 91

第三节　各种光线条件下的摄影 ·············· 102

1. 天气多变——各种天气条件下的拍摄 ·············· 103

2. 晨昏之美——日出、日落的拍摄 ·············· 109

3. 夜色迷人——巧拍夜景 ·············· 110

4. 柔和的室内光——室内自然光的摄影 ·············· 111

第四节　人造光摄影 ·············· 112

1. 灯光摄影大集结 ·············· 112

2. 闪光灯能闪万次吗——现代电子闪光灯 …………… 115

第五节　人像摄影………………………………………… 120

1. 形神兼备——人像摄影 ………………………… 120

2. 难忘的瞬间——人物肖像的拍摄 ……………… 126

3. 让画面更美丽——人像摄影的构图 …………… 127

4. 打造完美人像——人物的处理和造型 ………… 128

第六节　关于摄影的构图学说…………………………… 130

1. 构图的概念 ……………………………………… 130

2. 创作与构图 ……………………………………… 134

3. 陪体在画面的地位和作用 ……………………… 138

4. 环境对烘托主体的作用 ………………………… 140

5. 空白的留取 ……………………………………… 147

6. 线条的表现力 …………………………………… 151

第三章　照相机的数字世界

第一节　数码相机………………………………………… 156

1. "五花八门"——数码相机产品的分类 ………… 156

2. "存储大战"——数码相机数据存储 …………… 158

3. "各领风骚" ——数码相机常见品牌 ·················· 160

4. "神奇小帮手" ——数码相机主要配件 ·············· 163

5. "记忆大侠" ——存储卡 ··················· 164

6. 数码相机的"发动器" ——电池 ··············· 167

第二节　数码摄影系统的组成 ···························· 172

1. 不可或缺的部分——数码摄影系统的组成 ············ 172

2. 不一样的视觉冲击——数码影像的电脑处理 ··········· 176

第一章

什么是摄影

第一节　摄影的诞生

1. 摄影是照相的艺术升华

摄影是指使用某种专业设备进行影像记录的过程，又称为照相，是通过物体所反射的光线使感光介质曝光的过程。一般我们使用机械照相机或者数码相机进行摄影。最开始的摄影过程是用照相机照相，映像在底片，冲印后成为单一相片，一张张做永久保存。影像

▲　儿童摄影

是不动的、无声的，供人们观赏其人物、景物、意境，进而体会它们的含义。因此，有人说："摄影家的能力是把日常生活中稍纵即逝的平凡事物转化为不朽的视觉图像。"这话不无道理。

2. 伟大的摄影科学家——尼埃普斯和达盖尔

摄影术的诞生是科学进步的产物，是在继承了世界上各国家、各民族过去的科学成就的基础上诞生的。不管是中国先秦时期的墨家学

▲　用微胶拍摄昆虫

派，还是古希腊的柏拉图学派，他们都在不同方面和程度上奠定了摄影术的理论基础。当然，这同时也离不开古今中外摄影家和科学家们对美好事物的向往与不懈的探索追求。在这里，我们要认识两位对摄影技术的发明有过突出贡献的摄影家，他们分别是：尼塞弗尔·尼埃普斯和路易·达盖尔。

（1）尼塞弗尔·尼埃普斯

尼埃普斯（1765—1833）是法国石版印刷技术的工匠，早在1822年，他为了改进印刷方法，开始了对沥青感光版的研究。1826年，他拍出了第一张永久性照片——《鸽子窝》，曝光达8小时。1829年，在尼埃普斯的倡导下，他和法国巴黎舞台美术设计师路易·达盖尔建立了联合研究小组，旨在发明照相术，最后共同研究出了后来人们公

▲ 风景摄影

认的银版法摄影术。1839年8月19日，在法国科学院院士阿喇戈等人的支持和赞助下，法国政府购买银版法摄影术并公布于世，这个日子就是今天人

▲ 尼埃普斯的《鸽子窝》

们公认的摄影术诞生的日子。当时，尼埃普斯已去世，路易·达盖尔便成了摄影术的发明人，其实人们不应该忘记尼埃普斯对发明摄影术的贡献。

（2）摄影之父——路易·达盖尔

实际上，真正意义上的摄影术是法国人路易·达盖尔（1787—1851）发明的银版法摄影术。1839年8月，法国法兰西科学艺术学院授予其发明专利，人们称路易·达盖尔为现代银盐摄影的创始人。

1822年，达盖尔在巴黎开设了一家"幻视画"馆，里面展览的是一些风景画片。1824年之后，他又进行利用暗箱制作幻视画的

▲ 室内摄影

▲ 达盖尔银版摄影图片

尝试。1829年，达盖尔和尼埃普斯成立联合研究小组解决照相技术。因为尼埃普斯于1833年去世，从此该小组由达盖尔独挑大梁。1839年，经过了一系列的研究之后，达盖尔终于解决了照相的关键技术——显影问题。接着，他又改进了定影技术，从而彻底解决了照相技术问题。至此，达盖尔的发明已

▲ 达盖尔的银版肖像

经与现在的照相技术所差无
几了。他的这一发明具有划
时代的意义，奠定了银盐化
学感光摄影的基础，以至于
170 多年来长盛不衰，达盖
尔也因此被人们誉为"摄影
之父"。

3. 照片的"生产过程"——摄影原理

我们通常所说的摄影其实就是指照相。那么一张照片是怎样拍出来的呢？一般说来，在使用照相设备（最常用的是照相机）的基础上，经过感光（即曝光）和照片后期制作，一张照片就拍出来了。

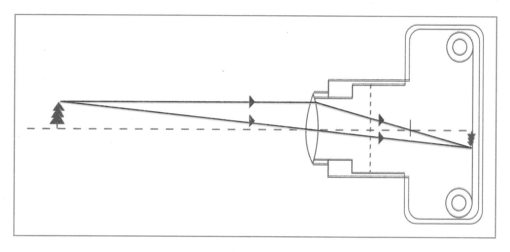

▲　照相机成像原理图

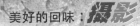
下面我们来了解一下摄影原理。

（1）感光的原理与方法

来自被摄物体的光线，通过相机的镜头，会聚成影像，落在胶片的感光乳剂层上，引起光化学效应，生成潜影，这就是摄影的感光，也叫曝光。

感光与光化学效应密切相关，感光的多少影响光化学效应的发生程度。曝光量越大，光化学效应越强烈，形成的潜影越深，反之则相反。因此，只有正确地控制光化学效应，才能形成适当的潜影。同时，曝光量与通过镜头的光线的多少和光线在感光片上停留的时间也密切

▲　曝光时间长，记录下光运动的轨迹

相关，即通过镜头照在感光片上的光线量越多，停留的时间越长，曝光量就越多。

感光片曝光后，将曝光量记录下来形成被摄者的潜影。将形成潜影的感光片进行显影处理后，潜影变成可视影像。再把已经形成可视影像的感光片进行定影剂处理，感光片便成为可长期保存的底片。把底片印相放大，底片便成为照片。

适当控制曝光量才能正确记录景物影像的层次，正确记录景物影像的层次来自正确的曝光控制。

知识链接

与曝光量有关的因素

感光片所受到的曝光量与两个因素有关：光照度和一定数量的光照度在胶片上停留的时间。用公式表示即：E（曝光量）=I（照度）×T（曝光时间）（也称为倒易律），其中E是英文Exposure（曝光）的第一个字母，I是英文Illuminance（照度）的第一个字母，T是英文Time（时间）的第一个字母。I单位为勒克司（lx），T单位为秒（s），这样，曝光量E的单位便是勒（克司）秒（lx·s）。

（2）感光片的冲洗

感光片经正确感光后形成潜影，对其进行显影、定影化学处理后，即可得到清晰可见的影像，成为一张能用来制作照片的底片。经冲洗，便得到与景物相同的正片。

▲　感光片的冲洗

冲洗过程就是使感光片上记录的景物潜影变成可视影像的过程。由于冲洗出来的底片上的景物影像，与实物相反，所以底片又叫负片。通常，高质量的负片是生产高质量的照片的基础，因此，在整个摄影过程中，冲洗感光片的过程是至关重要的一个环节。

冲洗的效果与药液的选择和显影的时间、温度、搅动控制有关。

知 识 链 接

摄影感光材料

摄影感光材料有黑白感光片（五层）、彩色负片（三层）、彩色反转片（三层）等几种类型。感光材料的主要构成成分为：

片基；感光的乳剂；辅助涂层。

　　彩色负片的冲洗过程与黑白感光片冲洗过程大致相同，主要有显影、停影、定影、水洗、干燥等几个步骤，其中最关键的一步是显影，其次是定影。但彩色负片在定影后还有个漂白的过程，即把盐银形成的影像漂除，留下由燃料所形成的彩色影像。另外，彩色反转片的冲洗程序比彩色负片要复杂，多出首显（黑白显影）和二次曝光（反转处理）两道程序。

　　因为彩色负片冲洗后得到的是成品正像，没有补救的可能性，因此它的冲洗工艺要求十分严格。

（3）照片的制作

　　经过冲洗处理后，在影像景物明暗及色彩方面，是和实际自然景物相反的。底片上的明亮部位是自然景物中暗的部位，底片上暗的部分其实是自然景物中亮的部分。需经过印相和放大，才能得到和景物本身明暗、色彩相

▲　黑白照片

同的影像。印相得到的是和底片同样大小的影像，放大则可根据需要将影像放大到一定尺寸，以满足不同的使用需要。彩色反转片经拍摄、冲洗后，得到的影像是和自然景物的明暗、色彩相同的，如果影像不够大，也可以通过反转放大得到较大的照片。

彩色照片和黑白照片制作的原理和方法大致相同，只是制作过程比黑白照片较为复杂些。

4. 人类社会的"见证者"和"记录者"

摄影的诞生，开辟了人类文化新领域，作为一门独立的艺术，与绘画、舞蹈等其他艺术种类并驾齐驱。自其发明以来，它不但作为一门艺术蓬勃发展，并且在人类社会生活的各个领域中发挥着重要的作用。今天，无论是政治、经济、文化，还是日常生活，摄影的作用无处不在。其中，最早借助摄影技术来为信息传播服务的领域之一是大众传媒领域，即新闻

▲ 比鸥乌、史特尔茨纳作品《汉堡大火废墟》

摄影与广告摄影。

（1）人们公认的世界上第一次新闻摄影活动和第一张新闻照片

1842 年 5 月 5 日，德国汉堡发生了一场大火，大火连续烧了 4 天。比鸥乌、史特尔茨纳两人奔赴火场，拍下了有关废墟的许多照片，后来大多散失，仅存《汉堡大火废墟》一幅。

（2）广告摄影作品

商业广告摄影：通过完美的构图、光线运用、色彩冷暖

▲　商业广告摄影

对比和质感来表现。

公益广告摄影：左图是加拿大 Gregory Colbert 的摄影作品《人与自然的和谐》。

知识链接

商品摄影

商品摄影是以商品为主要拍摄对象的摄影，它通过反映商品的形状、结构、性能、色彩和用途等特点，从而激发消费者的购买欲望，是一种传播商品信息、促进商品流通的重要手段。随着市场经济的发展，广告已经不是单纯的商业行为，同时也是现实生活中的一面镜子，是广告传播的一种重要手段和媒介。

第二节 摄影分类、摄影流派与摄影大赛

1. 摄影分类

（1）记录摄影

如果说摄影的诞生是为了记录的目的的话，那么它诞生之后所显示出来的强大的生命力，也恰恰在于它的记录功能，这是其他技术或艺术所无法比拟和替代的，因此，从广义上说，摄影就是记录。

（2）艺术摄影

随着摄影的发展，人们在摄影中不断地增加艺术的元素，这就产生了

▲ 伊拉克战争（2005 年）

艺术摄影。它与记录摄影的区别在于艺术性的多少与高低，而没有绝对的界限。比如，我们去照相馆拍的照片作身份证或作留念，多少有点资料或记录价值。而郑景康先生给齐白石先生拍的人像，这么多年过去了，至今仍是世界上20幅最优秀的人像作品之一，其中的差别完全在于艺术性的高低。

▲ 郑景康《齐白石先生》

（3）画意摄影

自摄影术发明至今，画意摄影一直贯穿其中，它唯美的画面语言及美好的设计内涵一直是人像摄影的一种重要的表达方式，曾在摄影

▲ 雷兰达《人生的两条路》

发展史上发挥了几个里程碑的作用。19 世纪后期，英国摄影家雷兰达拍摄了作品《人生的两条路》，被预言为"摄影新时代来临了"，在当时受到了维多利亚女王的极高评价。在积极改进摄影、使摄影被承认为一门艺术方面，雷兰达功不可没。从此，画意摄影也逐渐成为摄影艺术中的一个重要流派。

（4）全息摄影

全息摄影是一种记录被摄物体反射波的振幅和位相等全部信息的新型摄影技术。不仅记录了物体上的反光强度，同时记录了位相信息。

▲ 全息摄影

一张全息摄影图片即使只剩下一小部分，也可以重现全部景物。这种技术广泛应用于工业领域，例如无损探伤、超声全息、全息显微镜、全息摄影存储器、全息电影和电视等。

2. 摄影术中的"百家争鸣"——摄影流派

流派是由具有某种共同艺术观念、美学思想、审美趣味、创作倾向及艺术特色的艺术家形成或组成的具有一定社会影响力的艺术团体或派别。在摄影发展史上，流派有很多，但曾经起过重要影响的流派主要有以下几种：绘画主义摄影、映像派摄影、写实摄影、自然主义摄影、纯粹派摄影、新即物主义摄影、超现实主义摄影、抽象摄影、堪的派摄影、"达达派"摄影、主观主义摄影等。我们下面主要来认识摄影中两个很重要的流派——写实摄影和堪的派摄影。

1937 年 8 月 28 日，日机狂炸上海火车南站，当场炸死 200 余人，一名被炸伤的幼儿在剧痛和惊骇中号啕大哭。

▲　王小亭《日机狂炸上海火车南站》（1937 年 8 月 28 日摄）

（1）瞬间之美和价值——写实摄影

个人的写实摄影，全面地反映某一事件的真实和价值。纪实新闻，主要起源于1930年的美国，初期多应用在杂志上，以增加对读者的说服力为主。优秀的照片，配合着记者

▲　瞬间纪实

撰写的故事与情节发展，再加上构思巧妙的排版设计，共同构成了一种新的传播学。

时至今日，杂志和报纸对纪实照片的需求大大增加，成为详述新闻真实性的最佳写照。但是有的画册借着部分照片，歪曲事实，颠倒是非，甚至利用合成技术，偏离了纪实照片应有的精神和尊严。

不可否认，我们今日共同生活在一个地球上，只要涉及与人有关的事件，人和他们所生存的环境、社会、工作、暴力或某些毁灭性灾祸之相互关系，常常会吸引人们的目光。一些出色的新闻记者就如同最优秀的纪实文学作家一样，当人们阅读他们的纪实照片和文字时，由心而生的对保护、现实、自尊、恐惧和同情的心理油然而生，直接或间接地影响人们对事件的观感。特别是灾难新闻，最容易激发出人

▲ 餐厅摄影

的同理心，共同伸出援手，加入救援行列。因此，一张照片的价值已经不单纯是纪实而已，让看的人感动，让阅读的人了解真相，才是真正的精髓所在。

不管面临的是突发的意外事件也好，还是已知的新闻事件也罢，你都必须确定拍摄主题并且用足够的时间考虑最佳的拍法。尽可能在心里将重要的画面排演一番，这样你的计划便有了一个大概的轮廓，并且对题材的各个层面也都有了一个考量。最好在你拍摄的同时还要保持立场的中立，你的目标应该是拍出大量可供编辑和叙事用的题材，而不是伴随个人偏见，去煽动对立情绪。你所拍的素材，最好能经过第三者可靠的筛选，通常你或者你的编辑可以把照片排列开来，确定审查顺序，逐一讨论并做出比较。

知识链接

写实摄影

写实摄影是一种源远流长的摄影流派,一直到今天,仍是摄影艺术中基本的、主要的流派,它是现实主义创作方法在摄影艺术领域中的反映。

该派的摄影艺术家在创作中一方面遵循摄影的纪实特性;另一方面,又主张创作应该有所选择,对所反映的事物要有艺术家自己的审美标准和判断。其创作题材大都来源于社会生活,艺术风格质朴无华,但具有强烈的见证性和提示力量。最早的写实摄影是英国摄影家菲利普·德拉莫特于1853年拍摄的火棉胶纪录片。稍后有罗斯·芬顿的著名的战地摄影以及威廉·杰克逊的黄石奇观。1870年以后,写实摄影逐渐成熟,写实摄影家们开始把镜头转向社会,转向生活。像当时的摄影家巴纳多博士拍摄的《流浪儿童的悲惨境遇》的照片,就震撼了人们的心灵。

由于写实摄影作品具有巨大的认识作用和强烈的感染力,逐渐在摄影领域中占据了重要的地位。如19世纪末期,美国摄影家雅谷布·里斯拍摄的那些关于纽约贫民窟生活的作品,就是这方面的奠基作品。之后，写实摄影家人才辈出，都因其作品的强烈的现实性和深刻性而著称于摄影史。著名的作品有英国勃兰德的《拾煤者》、美国罗伯特·卡帕的《通敌的法国女人被剃光头游街》、法国韦丝的《女孩》等，不胜枚举。

（2）堪的派摄影

堪的派摄影是第一次世界大战后兴起的、反对绘画主义摄影的一大摄影流派。

这一流派的摄影家主张尊重摄影自身特性，强调真实、自然，主张拍摄时不摆布、不干涉对象，提倡抓取自然状态下被摄对象的瞬间情态。法国著名的堪的派摄影家亨利·卡笛尔·布列松说过："对我来说，摄影就是在一瞬间里及时地把某一事件的意义和能够确切地表达这一事件的精确的组织形式记录下来。"

▲ 亨利·卡笛尔·布列松《印象》

因而这一流派的艺术特色是客观、真实、不事雕琢、形象生动且富有生活气息。

堪的派中的摄影家，就其美学思想和创作倾向而言，情况是比较复杂的，虽然他们都崇尚人性世态的表现，且大部分都从事于新闻摄影工作，但有的是自然主义者，有的是写实主义者。

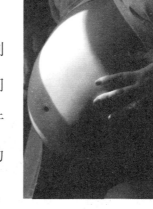

▲ 孕妇的纪实摄影

该流派的催生作品是 1893 年摄影家阿尔弗雷德·斯迪格的《纽约第五街之冬》，而真正完成者则是德国的摄影家埃利克·沙乐门博士。在一次德法总理举行的夜间会议结束时，沙乐门用小型相机拍摄的《罗马政治会议》，生动、真实、朴实、自然，成为该流派名垂摄影史的经典作品。

▲ 儿童的纪实摄影作品

在摄影美学上，堪的派认为"以摄影的基本特点为基础的照片，是画家或蚀刻家所无法模仿的，它具有自己的不可分割的'我'，具有自己特殊的表现力，具有其他媒介不可能表现出来的特性。"其次，对客观事物的表现上，他们重视和强调独创性，"摄影家要用自己的眼光来看世界，

不要通过别人的眼光来看世界。而这正是区分照片是平庸还是高明、有价值还是没有价值的标准。"

该派著名的摄影家有美国的托马斯·道韦尔·麦阿沃侬、英国的茜莉特·摩戴尔，以及法国的维克托·哈夫门、路易斯·达尔·沃尔夫和彼得·斯塔克彼尔·布鲁维奇等人。

3. 摄影师的精神殿堂——世界上最著名的摄影大赛

现在，每一个国家几乎都有自己各种各样、大大小小的摄影组织和摄影比赛，以此来表扬和鼓励优秀的摄影师对摄影事业所作的贡献，从而促进各自国家摄影事业的发展和繁荣。当然，世界上的摄影大赛也是如此，旨在通过比赛和评奖，促进全世界范围内摄影事业的发展，加强各国人民的相互了解和认识。比较权威的、有广泛影响力的世界大赛主要有以下几个：

（1）普利策新闻摄影奖

普利策奖由美国著名记者约瑟夫·普利策于 1917 年创立，主要分为新闻奖和文化艺术奖，自创办以来每年颁发一次。一直以来，普利策奖象征了美国最负责任的写作和最优美的文字，其中新闻奖更是美国报界的最高荣誉。1942 年，普利策新闻奖开始设立最佳新闻照片奖，1968 年又增设了专题新闻摄影奖，获奖作品通常由一组照片组成。

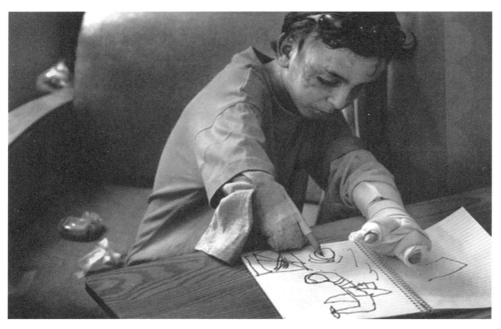

▲ 迪恩·费茨莫里斯《伊拉克男孩》（2005 年度普利策特写摄影奖）

《旧金山纪事报》记者迪恩·费茨莫里斯拍摄的一幅纪实照片《伊拉克男孩》，讲述了一名伊拉克男孩把笔绑在因爆炸而致残的胳膊上画画。

（2）世界新闻摄影比赛

世界新闻摄影比赛（WPP）又称荷赛。1956年，荷兰三位摄影家基斯·谢勒（Kees Scherer）、本·范·米伦登克（Ben Van Meerendonk）和布拉姆·威斯曼（Bram Wisman）成立了"世界新闻摄影荷兰基金会"。从1957年起，该基金会每年举行一次世界性的新闻摄影比赛，旨在"在全世界范围内引起和增强人们对新闻摄影的广泛兴趣，传播信息的同时，加强国际间的相互理解"。自创办以来，它的规模不断扩大，现在是世界上参与范围最广、最具有代表性和权威性的新闻摄影大赛。每年常增设一些特别奖，如"奥斯卡·巴纳克奖"等。涉及题材多样化，其参赛及获奖照片基本上包括每年的重大事件，涉

◀ 阿尔科·达塔《印度妇女哀悼海啸中死难的亲属》

（荷赛2005年度最佳新闻照片）

及人类日常生活的方方面面，成为人类当时所处的时代和历史的见证。

（3）哈苏国际摄影奖

哈苏基金会成立于
1979 年，旨在"促进自
然科学和摄影领域的科
学教育和研究"。厄纳
和维克多·哈苏是它的
创办人。该基金会每年
都拨款资助众多项目，

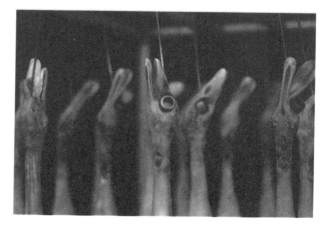

▲　哈苏国际摄影奖获奖作品《向上》

每年一度的哈苏国际摄影奖就是其中之一。1989 年，它在瑞典哥德堡
成立，向公众开放了哈苏摄影中心（哈苏中心），并成功地举办了一
系列展览和文化演讲活动。特别值得一提的是，它同时建有一个面向
研究者和学生的摄影研究与参考书图书馆，收藏了历届哈苏国际摄影
奖获奖者作品在内的丰富的图片。哈苏国际摄影奖创设于 1980 年，
至今已逐步成为一项国际摄影界重要的摄影赛事，旨在奖励"一位公
认的摄影师的主要成就"。

（4）平遥国际摄影大展

山西的平遥是中国历史文化名城，是唯一一座被列入世界文化遗

▲ 平遥国际摄影大展作品《教堂》

产的中国汉民族古城。

平遥古城的城墙始建于西周，至今已有近两千多年的历史。2001年，平遥举办首届"平遥国际摄影节"，完全按照国际规范操作，国内与国外、传统与现代结合、互动，在海内外产生了出乎意料的轰动效应。之后经批准，每年举办一次。

第二章

小相机，大视野

第一节　照相机概述

　　摄影和照相机两者通常是不可分割的，日常生活中，人们一提到摄影，就会自然而然地想到照相机。照相机是用于摄影的光学器械，从某种意义上来说，摄影有时也称之为照相。一部好的照相机，可以拍下许多美丽的瞬间，记录下人类生活中的点点滴滴。因此，好的照相机是好的摄影的保证，而挑选一部好的照相机，则要求我们必须大

▲　风景摄影《平潭海峡大桥》

致了解一些照相机基本知识，比如照相机的成像原理、照相机的结构、照相机的使用和保养，等等。

1. "针孔成像"——照相机的成像原理

在成像这一点上，无论是最早的照相设备还是今天的照相机，针孔成像原理是最重要的依据。早在公元前 400 年前，墨子在其著作《墨经》中对针孔成像的原理就有明确的记载和阐述。那么针孔成像到底是怎样一回事呢？

光学是与摄影术的发明紧

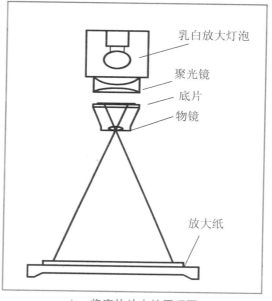

▲ 将底片放大的原理图

密相关的一门学科，具体地说，就是针孔成像的原理。光具有直线传播的重要特性，当来自景物或来自发光体的光线通过一个小孔时，在景物或发光体对面的一定位置上便会形成一个清晰影像，这个影像和景物或发光体的影像是上下颠倒的，如果在这一适当位置放置上毛玻璃板，观察到的影像会十分清楚。这是由于光的直线传播的特性使景物或发光体的上端的光线在穿过小孔时投在了下端，下端的光线投在了上端，而其左侧的光线投向了右端，右侧的光线投向了左端。于是，一个上下倒置、左右相反的影像就出现了。这就是针孔成像的原理，也是照相机成像的根据。

2. "躯体大解剖"——照相机的结构

最早的照相机只包括暗箱、镜头和感光材料三个部分，结构十分简单。但现代的照相机是一种集光学、机械、电子、化学、材料于一体的仪器，大小部件很多，结构比较复杂，其主要部件有镜头、测距器、取景器、光圈、快门、卷片装置、机身和其他装置等。

①机身　　②镜头　　③光圈　　④快门　　⑤聚焦调整　　⑥卷片器　　⑦取景器

▲　照相机的结构

（1）镜头

镜头是由多组凸透镜和凹透镜组成的一个复式透镜组，位于照相机的前部，和暗箱相连接。它的作用是会聚来自外界景物的发光或来自发光体的光线，使被摄景物在感光片上形成清晰的潜影。有的镜头可以拆卸更换，有的则是固定的，不能拆卸。

▲　广角镜头

镜头的种类有很多种，可按照不同的标准来区分。通常有以下几种：

①长焦镜头与广角镜头。

▲　用广角镜头拍摄的图片

▲ 鱼眼镜头

▲ 用鱼眼镜头拍摄的图片

②定焦镜头与变焦镜头。

③其他镜头。如微距镜头、鱼眼镜头、电子对焦镜头等。

（2）光圈

　　由于摄影的曝光需要适量的光线，而自然界的光线有强弱变化，且人造光源亮度也不一，所以为了获得适量的光线，人们便在照相机镜头上设置了光圈。它设置在镜头中间，是由若干片很薄的金属片组成的，用来调节镜头口径的装置，可以由照相机内的电子系统进行调整，或自由调节，以便获得不同的进光量。其大小用"T"或"F"表示。

▲ 光圈

一般来说，光圈开得大，镜头通光量就大，反之，则通光量小。

它的作用主要是控制进入镜头的通光量和控制景深。

知识链接

光 圈

光圈好像人眼的瞳孔，用来控制和调节通过镜头的光线的量，镜头的有效口径一般是固定不变的。但是，当开大或缩小光圈时，实际

的通光孔大小却相应地发生变化，这种可变的口径就是相对口径。

相对口径用光圈系数来表示，光圈系数即 f（focal）系数。f 系数表示的是焦距与镜头相对口径的比值，用公式来表示如下：

$$f 系数 = 焦距 / 相对口径$$

一般来说，f 系数的标法为：

1.2（或1.4）　2　2.8　4　5.6　8　11　16　22

这种标法有以下特点：

①数字大小与相对口径的大小是反比关系，数字越大，其实际口径相应地越小，通光量越少；数字越小，则其实际相对口径、通光量也就越大、越多。即 f/2 的通光量比 f/4 要多。

②相应两级光圈系数之间是根号 2 倍的关系，如 f/2.8 是 f/2 的根号 2 倍，以此类推。

③相邻两级光圈系数之间相差 1 倍通光量，如 f/2.8 的通光量是 f/4 的 2 倍，而 f/2 的通光量则是 f/5.6 的 4 倍。

通常镜头的光圈系数均标在镜头的光圈调节环上。

（3）快门

快门控制光线在感光片上停留时间的长短，单位速度是秒。现代照相机的快门速度，有的慢至数秒，有的则快至数千分之一秒。

B 挡快门用来长时间曝光，按住打开，松开手才关闭。

▲ 使用 B 挡快门拍摄闪电

自动曝光的 A 挡快门是自动的快门选择。自动曝光的 P 挡快门是程序自动，可自动按程序设定来选择快门和光圈的组合。

知 识 链 接

曝光量

在光圈不变的情况下，快门打开的时间越长，胶片接收的曝光量越多；反之，则越少。如 1/50 秒比 1/100 秒的曝光量多一倍，1/500 秒则比 1/250 秒的曝光量少一半。

快门的分类有以下两种：

①按快门在照相机上所在的位置分为镜间快门、焦平快门。

②按快门构造和操作不同分为机械式快门、电子式快门和程序式快门。

（4）测距器

测距器是根据被摄物体的远近来调整镜头至感光片之间的距离的装置，也叫测距系统或对焦系统。测距装置主要有以下几种类型：

①联动测距式。

▲ 带测距器的相机

②后部磨砂玻璃测距式。

③反光测距式。

④自动测距式。

现代自动测距系统有电子视测系统、红外线测距系统、超声波系统、眼控自动测距等。

（5）取景器

取景器具有观察被拍摄物体、用于界定拍摄景物的范围、确定对景物的取舍和安排画面的作用。

照相机的取景器有单镜头反光俯视

▲ Nikon DR-6 直角取景器

取景器、单镜头反光平视取景器、光学直透式取景器、框式平视取景器等4种。

（6）卷片装置

传统照相机多用胶卷，卷片装置的作用是把装在照相机的胶卷一张一张地依次卷动，主要有扳把式、旋钮式、摇把式、电动输片式等卷片形式。外接马达和内置自动卷片功能是自动卷片装置的两种形式。

▲ 卷片装置

（7）暗箱和机身

暗箱是连接镜头和机身的部分，本身不透光，可以隔开通过镜头的光线和其他外界的光线。旧式折合机称为皮腔，多由皮革制成，可伸缩。现代照相机一般用镜头筒代替暗箱，在镜头筒内完成伸缩。

机身连接照相机的各部位组成一个有机整体，是照相机的躯壳和整个照相机的支持体。135相机的机身多为长方形，而120相机机身

▲ 暗箱和机身

大部分为正方形。因为使用胶卷尺寸不同，135 相机的机身小于 120 相机的机身。机身后壁是装感光片的地方，这样，经对焦后，进入照相机的光线便可将清晰的影像投在感光片上，由感光片记录下来。

现代照相机有功能不同的后背，可根据需要加以更换，如数据后背可将底片编号，还可以将年、月、日、时、分等数据记录在底片上。

（8）其他装置

其他装置主要有闪光联动装置、自拍装置、测光装置等。

3."各显神通"——照相机的基本类型

现代照相机有很多种类，因此有许多类型划分方法。

（1）按取景方式的不同

按取景方式的不同，照相机可划分为单镜头反光相机、双镜头反光相机、旁轴直视取景器相机。

①单镜头反光相机是一种直接通过镜头观察取景和聚焦影像的照相机。使用这种照相机，拍摄者可以自己转动调节盘和刻度盘来聚焦影像和

▲　自动对焦单镜头反光式数码相机

设置曝光量，因此在取景上基本无误差（也就是说我们看到的和我们实际能拍到的基本一致）；另外，只要接口匹配，拍摄者便可以方便地按自己的需要更换这类相机的镜头。因此，单镜头反光相机深受广大摄影爱好者喜爱。

②双镜头反光相机采用双镜头结构，镜头上下排列，固定在镜头架上，一个用来取景，一个用来拍摄。当拍摄者观察被摄物时，必须竖起遮光罩，俯视照相机。它还可以配用几种不同类型的取景器。

③旁轴直视取景器相机是通过镜头旁的一个小窗口取景，存在取景误差（视差），我们实际所能拍到的和我们通过取景器看到的不完全一致。距离越近，误差越大；距离越远，误差越小。这种照相机的优点是，取景盒成像通过的是两个不同的光学视点，因此拍摄时没有反光镜翻起的噪声，不易干扰被摄对象。但是这类照相机也有明显的缺点，就是摄影者无法灵活控制光圈和快门速度，因为它采用的是镜间快门。

（2）按胶卷规格不同

按胶卷规格的不同，照相机有 135 相机、120 相机、APS 相机、技术相机（即大画幅相机）等 4 种。

① 135 相机是使用底片画幅为 24 毫米 × 36 毫米的 135 胶卷拍摄的照相机，这种照相机是目前最受欢迎的照相机机型之一，体积较为轻巧，配套齐全，方便携带。

▲ 135 相机

② 120 相机是使用 120 胶卷或者 220 胶卷的照相机。这种照相机特别适用于追求影像质量的摄影者，在制作大画幅照片时容易取得高质量的影像，层次丰富，颗粒细腻。但是它体积大且笨重，不如 135 相机操作灵活，一卷 120 胶卷可拍画幅较少，有常换片的麻烦。

③ APS 相机是使用配套的有三种画幅可供选择的 APS 胶卷的照相机。"APS"为英文"Advanced Photo System"的缩写，意思是"先进摄影系统"。与 135 相机相比，这类照相机

▲ 120 相机拍摄的照片

▲ 老式技术相机（一）

更为小巧，它的胶卷可记录一些有用的拍摄信息，从而提高冲印质量，能够冲洗出整卷底片的索引样片。

④技术相机又称为大画幅相机，是使用大尺寸散页胶片的照相机。这种照相机可以在镜头与相机暗箱装置的相对位置各自做非直线调整，具有通常照相机所没有的透视效果调整功能。这种调整功能具有多种独特的成像效果，并且可对景深做精确的控制等。

（3）按聚焦和曝光方式分类

按聚焦和曝光方式的不同，照相机有手动相机和自动相机两种类型。

①手动相机是指拍摄的每一个环节都需要拍摄者自己用手进行调节的照相机，也就是把胶卷装入机身后，必须使用卷片杆将胶卷卷到起点位置，画幅转换靠手动卷片，调整好光圈和快门的速度后，转动调节器调焦，把影像控制在聚焦屏上。在提高快门速度时，这种照相机一般不能在两挡之间调定。

②自动相机是一种相对于手动相机而言的照相机，它有多种拍摄

程序供拍摄者选择，具备自动聚焦、曝光、卷片、过片等功能，通过计算机微处理器芯片来控制，操作过程快速而简便。

（4）按影像记录方式分类

按影像记录方式的不同，照相机可划分为传统相机和数码相机两种。

①传统相机是一种通过镜头来获得影像，以胶卷作为存储介质，感光颗粒为记录影像的最小单位，并通过暗房冲洗来完成摄影的全部加工过程的光学式照相机。

②数码相机是使用一种叫 CCD 的电子耦合器件来记录影像的数字式照相机，是光、机、电一体化的产品。它把镜头摄取的影像转换

▲　老式技术相机（二）

为电子信号，然后以数字的形式记录和存储到磁卡或硬盘、光盘上。数码相机将影像直接传送到电脑中，可以直接显示、直接储存、直接处理、直接印刷、直接传输，以及进行各种不同形式的特效处理。

知识链接

华联丁·林哈夫

化联丁·林哈夫（1867—1929）又译为林可夫或林好夫，德国人。

1887年在慕尼黑，华联丁·林哈夫创立了自己的精密机械厂，致力于发展性能可靠的镜间快门，同时着手研制新式照相机。40年之后，林哈夫和他的团队终于制造出了技术相机系列照相机。

后来，这种折合式观景相机便流行起来，成为家喻户晓的机型。1899年，林哈夫公司正式生产完成了第一部林

哈夫折合式相机，其支撑架设计非常有趣而且节省空间，只是缺少一点灵活性。当时，这部照相机的外壳是由木板制成的，在林哈夫相机

上配装着林哈夫叶片式快门，供应给德国和其他国家及地区。20世纪初期，林哈夫公司开始研制全金属照相机。到了30年代，有关摇摆的技术困难被解决，金属照相机开始突飞猛进地发展起来。

1929年，华联丁·林哈夫在慕尼黑逝世，留下了一家小工厂，仅有7个技工。1934年，华联丁·林哈夫和他发明的照相机架框摇摆功能取得了德国的专利权，尼古劳斯·卡帕夫收购了林哈夫公司。

此后不久，"技术相机"这个照相机型号就变成了这类照相机的代名词。

（5）按使用方式分类

按使用方式的不同，主要有3种特殊种类的照相机，下面我们来一一介绍。

▲ 水下相机

①水下相机是为水下摄影设计的照相机，采用特制的刻度调节盘，用来在水中易于辨认，同时采用粗大的外部调节器用于调焦、选择光圈和快门速度。防水镜头的焦距比普通镜头的稍微短些，因为水的折射效果提高了放大程度。

▲ 水下相机拍摄的照片

②全景相机俗称"摇头机"。这种特制的照相机可以旋转镜头轴后部的一个垂直切口，来旋转镜头或者整架相机，使照相机能方便地成120°、180°或360°取景，在同一平面上展现十分宽广的景致，产生深刻的视觉效果。

▼ 摇头机拍摄的照片

③即影相机又名一步成像相机，即在胶片曝光后几秒内便能产生最后的正像照片的照相机。使用专门的即影相片，一般来说每盒 10 张左右。这类照相机焦距镜头固定，无法更换镜头，快门速度为 1/8~1/250 秒。

▲ 即影相机

4.小附件，大用处——摄影器材

有时候，照相机不能单独完成拍摄，需要用到一些摄影器材即摄影附件。以下是照相时常用到的几种摄影器材。

（1）三脚架和单脚架

在慢速拍摄、长时间或多次曝光以及自拍时，人们常常使用三脚架或单脚架来放置照相机，以避免摄影时照相机引起震动，从而拍到高质量的影像。三脚架是由三条腿云台组成的，云台的作用是用来安置照相机的，为了更好地调整拍摄角度，云台可根据需要随时做上下、左右移动，三条腿也可以自由伸缩。

▲ 三脚架和单脚架

三脚架

用室内自然光摄影或慢速拍摄时，如果快门速度低于1/30秒，最好使用三脚架固定住照相机，来保持照相机的稳定。在自拍和二次曝光时，也应使用三脚架。

单脚架由于只有一条腿，人们称其为单脚架。它的稳定性能不如三脚架，必须有人把持才能使用。单脚架非常适合新闻摄影的拍摄，因为它轻巧，便于携带和使用。

（2）遮光罩

遮光罩有方形和圆形两种，是由金属、塑料或橡胶等制成的筒形接圈，可接在镜头前方。它主要防止不必要的光线进入镜头后产生光斑、雨滴，生成灰雾等，对底片画面产生破坏作用。另外，还可以防止尘土、雨滴、雪花等黏附在镜头表面破坏镜面镀膜。

▲ 尼康遮光罩

在实际拍摄过程中，最好使用与镜头相匹配的遮光罩。一般来说，不同焦距的镜头应配有不同的遮光罩，这样可以使镜头视角与遮光罩的遮光角度相一致。

（3）快门线

快门线由金属包软管制成，它的一端是装有弹簧的按钮，另一端与相机快门上的螺孔连接，螺头内有一顶针，在照相时，拍摄者按下按钮，则与快门相连的螺孔内的顶针便会触动快门。快门线用于遥控拍摄，当照相机与人分离时，便可用快门线控制拍摄。另外，快门线还可以用于慢速快门拍摄，用来防止手触动快门时造成的照相机震动。

▲ 快门线

在上述两种情况下，一般都与三脚架配合使用，把三脚架固定在一定位置上，以便于固定照相机。

（4）近摄接圈

近摄接圈一般装置在机身与镜头之间，通常用来拍摄微小物体

▲ 120 相机近摄接圈

或翻拍。它是由数量不等、长短各异的系列接圈组成，不同的接圈组合方式可以产生不同的影像倍率。使用近摄接圈应适当增加曝光量，因为近摄接圈有一定的减光作用。

（5）增光镜

增光镜是由复合透镜组成的，接在镜头与机身之间，可使镜头焦距成倍增加。

增光镜有 2 倍增距镜、4 倍增距镜等，倍率各不相同。增光镜为拍摄带来了极大的方便，一个 2 倍增距镜可使焦距为 30 毫米的镜头变成 60 毫米。但是，使用增光镜，通常会影响镜头的成像质量，而且需要增加一定的曝光量。例如，使用 2 倍增光镜后，光照度会减弱到 1/4，必须开大两级光圈来弥补。

▲ 增光镜

从理论上来讲，2 个增光镜叠加使用非常有利，但是成像质量会更差，应尽量避免。

此外，滤光镜、闪光灯等也可算作摄影附件，这里就不加以说明了。

■ 5. 小心呵护你的照相机 ■

在使用照相机的过程中，我们应该特别注意正确使用和维护，以使照相机尽可能使用到它的最长寿命期。

①拍摄时，照相机要拿正。拍摄人像、建筑物时，如果照相机拿不正，照相机镜头太过仰、俯或左右倾斜，这样容易使拍摄对象变形，上大下小或上小下大，或使景物的水平向偏离地平线，使得景物有一种东倒西歪的感觉。

②拍摄时，照相机一定要拿稳。如果拿不稳照相机，拍摄的影像会出现双影或模糊不清的现象。另外，按快门时不要用力过猛，导致照相机震动，特别是在 1/30 秒以下更要注意它的稳定性，而若是在 1/15 秒

▲ 照相机没拿稳时拍摄的照片

以下可将照相机依托在固定物上拍摄，或使用三脚架。

③在使用相机的自拍功能时，注意不要损坏自拍器的弹簧和齿轮，要轻轻地拨，特别是在没按下快门之前，切勿硬拨回原位。

④使用帘式小型相机时，不可用手指使劲摸触布帘，尤其不要让尖的东西弄破布帘，要特别注意保护布帘。

⑤照相机镜头长时间在太阳底下暴晒，会导致漏光，尤其是布帘快门的相机，因为太阳光一旦发生聚焦作用，特别容易烧坏布帘。

⑥照相机调速盘的每个刻度上，都有个小穴或小槽，必须拨定到位，它才能够正常运行，因此在确定快门速度时，不能定在相邻的两级速度中间。如果指针指在两级速度之间，不仅得不到准确的速度，而且容易损坏快门。

⑦有的小型照相机在上胶卷前是定不准速度的，因此使用小型照相机时，最好养成先上胶卷后再调速度盘的习惯。

⑧由于快门结构的核心机件是弹簧，照相机在使用后，一定要检查快门和自拍设备是否放松。

▲ 照相机调速盘的刻度

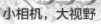

如果弹簧紧张的时间过长，则会减弱其弹力，影响快门速度的准确性。

总的来说，照相机的种类很多，每一种类的使用方法也不尽相同。使用照相机时，一般首先都要查看照相机的型号、镜头的规格、使用的方法等。对于新买的照相机，则首先应该仔细阅读说明书，尽快地熟悉各部件的性能和操作方法。没有说明书而自己又不明白的，一定要问清楚再使用，切勿强行拨弄，否则会损坏照相机。拍照之前，准备工作一定要周到，仔细检查照相机的附件带全了没有。稍有疏忽，摄影的顺利进行就会受影响。

6. 照相机维护大探秘

①镜头是照相机最重要的部分，要尽量避免弄脏，随时保持它的清洁。如果经常擦拭镜头，会使镜头起毛；不用时，用盖子把镜头盖好；可用软毛刷（照相器材商店出售的镜头刷）拭去灰尘，或者用橡皮吹

▲ 照相机的镜头

风球把灰尘吹去；若有指印，可涂上清洁剂（擦镜头水），用擦镜头纸或干净的麂皮轻轻擦干。擦拭镜头时应注意使用正确的方法，绕着

圆擦，切不可横竖乱擦，更不能用普通手绢、纸或衣襟来代替擦镜头纸擦拭，也不能涂擦汽油和酒精，因为汽油和酒精容易溶解镜片间的黏合剂。

②镜头受潮后，镜面特别容易发生污点或变色，影响成像的效果，甚至有可能会使镜片中间的胶合层霉变而脱胶，因此不用照相机时，应把它放在凉爽的地方，最好装在密封的匣子里或有干燥剂的塑料袋内。

③摔震碰撞会使镜头和其他部件震坏，因此应该避免摔震碰撞。若照相机处于剧烈震动的环境中，则应该特别做好保护措施。

7.照相机购买技巧

拍好一张照片的基本前提是购买一架质量优良的照相机。大部分类型的照相机都有其特殊的功能和作用，为其他照相机所不能替代，因此它们都不是十全十美的；而有些功

▲　外观新颖时尚的数码相机

能很全的照相机不仅有很高的价格，而且没有个性，泛而不精。所以当人们在决定购买照相机时，必须从它的便利性、适用性和可靠性等多方面进行综合考虑，来权衡一下各种照相机的利弊。另外，不同

▲ 富士 S1000FD 数码相机

的人、不同年龄和职业群体对照相机的要求也不尽相同。如青年人喜欢外观漂亮、新颖时尚的照相机；老年人则偏向于操作简便；职业摄影师注重它的经久耐用和功能是否齐全；而家庭摄影则要求质量可靠又价廉物美。因此，不论从照相机和购买者哪方面来考虑，购买照相机时，必须对照相机进行仔细的挑选。

首先，要检查照相机的外表。照相机的外表要求无变形，电镀氧化表层均匀，无划痕，没有泛黄、

▲ Nikon 相机

▲ 佳能 24—105 中焦头

锈蚀、剥落等现象；晃动时无异常的响声，装饰皮革或漆层没有脱落。之后再检验内在质量。

其次，要检查照相机的镜头，因为镜头是照相机的眼睛、成像质量的关键，挑选时一定要格外仔细。检查时可打开照相机的后背，或者将镜头卸下来，将光圈开到最大，打开B门，将镜头对准白墙或白纸，利用透射光，观察镜头内部镜片，看其是否开胶（镜片呈半透明银白色状），有无碎裂、发霉（出现不规则的放射状或枯树枝状霉斑）、划伤以及各种杂物等。如果镜头中有气泡，不大，不在镜头中央，一般来说不影响镜头质量。

当检查光圈调节环时，光圈叶片的张开和收缩应灵活、有序。如果单镜头反光照相机的镜头装在机身上，光圈应是全开的，能够在按下快门后自动收缩到预定的光圈孔径，随后恢复到全开状态。

在检查时，手部转动调焦环、变焦环应该感觉平稳、顺畅，阻力均匀、不发涩。在进行快门的检查时，打开快门后背，然后观察和听声音相结合，判断各挡快门速度的开启时间长短，是否与快门调节环上的刻度相一致。

检查卷片是否灵活可靠。对于 135 相机，则要检查其卷片的八牙轮转动情况。八牙轮只有在按下倒片按钮时才允许逆转，在平时能够向暗合方向转动，不然的话在装片后会打滑。注意压片板以及片框上是否有毛刺，以避免划伤底片，同时轻压照相机后背的压片板，仔细感觉其弹簧力量是否均匀。

取景器应该清洁明亮。当选择一个远处的物体和一个近处的物体进行对焦时，要看镜头上的刻度和读数是否一致。对于自动对焦的照相机，将取景器中心对准远近不同的两个被摄体，按动快门时（包括半按快门），镜头应有明显的伸缩动作（向近处对焦时镜头伸出，向远处对焦时则镜头缩回）。

最后，对带有全自动曝光功能或电子测光功能的照相机进行检查时，应先装上电池，打开它的测光开关，然后对明暗不同的景物测光。这时，曝光表的读数应迅速而灵敏地做出反应。对自动曝光的照相机进行检查时，需要检查自动快门（有的是程序快门）或自动光圈对不同光线的反应如何，是否灵敏。

第二节　摄影技巧

摄影是一门艺术，对于摄影爱好者来说，仅仅拥有一部质量优良的照相机是不够的，必须掌握一些必要的摄影小技巧，这样才能提高摄影能力，拍出许多好的让自己满意的照片。

1.“一失足成千古恨”——曝光有“度”

曝光在摄影中的地位非常重要。摄影中的曝光（又名感光）是指来自被摄物体的光线，通过照相机的镜头，会聚成影像，落在胶片的感光乳剂层上，从而引起光化学效应，生成潜影

▲　曝光不足的底片，地面一片死黑

的过程。

如果摄影不熟练，照片容易产生曝光不足或曝光过度的现象。适当的曝光量来自正确的曝光控制，拍摄者如果能够适当地控制曝光量，便能正确地记录景物影像的层次。

▲ 曝光过度的底片，照顾了地面，但已经没有了细节

在拍摄过程中，摄影师用照相机的光圈来控制光照度，用快门来控制光照度在胶片上停留的时间。在光线条件相同的情况下，如果要增大曝光量，就开大光圈，放慢快门速度；要减小曝光量，就缩小光圈，提高快门速度。正确的曝光是通过光圈和快门的合理配置来实现的。在光线条件好、来自景物的光线强时，为了获得适当的曝光量，可以收缩光圈或提高快门速度；在光线较弱、景物较暗时，开大光圈

▲ 曝光正常的底片，充分照顾了高光部分和暗部细节的表现

或放慢快门速度，便可以获得正确的曝光量，这也是正确曝光的理论与方法。

一般来说，曝光主要依据的是来自景物的光线的多少，而来自景物的光线量通常都是用测光仪器——测光表来测定的。

通常测光表可分为两类，即装配在照相机内的自动测光系统和单独使用的独立式测光表。

能否正确处理好摄影中的曝光，不仅需要掌握和领会正确曝光的理论和方法，还要掌握各种不同测光表及其不同的测光方法。

知 识 链 接

测光系统的测光方式

　　照相机内的自动测光系统的测光方式有平均测光方式、中央重点测光方式、重点测光方式、矩阵测光方式和多点测光方式等几种。

▲　用平均测光方式拍摄的照片

2.千挑万选——仔细挑选感光片

　　具体地说，在选择感光片时，应考虑以下具体问题：

　　（1）用高感光度的片子还是用低感光度的片子

　　高感光度的片子对光线的适应能力很强，即使光线较弱，仍然可

以拍出自然亲切、富于自然光气氛和强烈的现场气氛的图片。高感光度片子适合拍摄动体，特别适合用高速快门来捕捉高速动体的瞬间动作。但是，高感光度的片子反差小、银粒粗，不利于表现细腻质感的被摄物，如妇女和儿童的细腻肌肤，以及瓷器、瓜果、丝绸等隐纹细、质感要求高的物品。

与高感光度的片子相反，低感光度的片子对光线适应能力较差，但是颗粒细，非常适合用来表现质感细腻的景物和被摄体。可用来拍摄儿童、青年妇女、瓷器、玉器、玻璃器皿、金银器、丝织品、不锈钢器皿、水果、表面光滑的家具等静物，其质感细腻的一面能够被较好地表现出来。

（2）要反差还是要层次丰富

应根据自然界景物本身的反差情况来选择反差性能不同的感光片。

感光度低的片子反差大，感光度高的片子反差小。同时，冲洗时配方的选择，冲洗过程中的温度、时间和搅动程度的控制，均能增强或抑制影像的反差。小反差有利于表现丰富的层次。

▲　用高感光度的片子拍摄的布达拉宫夜景照片

（3）颗粒粗糙或细腻

感光度高的片子颗粒较粗，适合表现沙漠、山石、建筑，以及人物中的老人、矿工、渔民等粗质地的事物。感光度低而颗粒细腻的片子，则适合用来表现细腻质地的

▲　画面层次丰富的照片

事物，如各种不同类型的器皿和人物中的儿童、青年妇女、少女等。因此，对于选择高感光片还是低感光片，应根据实际拍摄时被摄物的具体情况来选择。

3.用虚还是用实——摄影中的景深

景深是指被摄主体前后景物的清晰范围，用来表明景物所在的空间感和纵深感。在实际拍摄过程中，主要有 3 个因素影响景深。

（1）光圈的大小

用同一照相机拍摄同一景物时，在镜头焦距和拍摄距离不变的情况下，光圈越大，景深越小；反之，景深越大。

▲　小景深拍摄的图片

（2）摄距的远近

用同一照相机在光圈相同的情况下拍摄时，拍摄距离越近，景深越小；摄距越远，景深越大。

（3）镜头焦距的长短

用同一照相机在光圈系数相同、摄距相等的情况下拍摄时，镜头焦距越短，景深越大；反之，景深越小。

照相机上常见的有转环式和自动式两种景深表，各类景深表都是根据镜头的焦距、光圈口径和调焦距离来判定的。

▲　大景深拍摄的图片

4. 基本常识"大放送"——拍摄过程中的取景问题

从大的方面看，取景对于拍摄者的主题和题材选择具有决定性作用；从小的方面看，取景决定着画面布局和景物的表现。

（1）拍摄点的选择

拍摄点是指拍摄者所处的位置，严格地讲应当是照相机的机位，也是受众的位置。我们可以从两个方面来对拍摄点加以研究。

①拍摄距离

拍摄距离的改变能引起主体与环境的关系的变化，可以极大地影响被摄景物的表现。人们常把拍摄距离或者摄影的景别分为远景、全景、中景、近景和特写5种。

※ 远景是拍摄到的最大的场面，拍摄距离是最远的。它追求一种宏大气势感。一般摄影中的远景用来表现场面的浩大、视野的广阔，如高山的雄伟、沙漠的浩瀚、大海的广阔等。图片中常见的远景常常是自然景物或比较大的场面及人文景观。

▲ 远景拍摄

▲ 全景图片

※ 全景的范围比远景要小，用来描述事物的全貌，使人对景物产生一种全面的印象。全景通常也是用以介绍主体和环境的关系。

※ 中景的重点表现对象是主体本身，在拍摄过程中，常用中景来表现主体与环境之间的关系。在拍中景画面时，切忌主次难辨或前景、陪体、背景等喧宾夺主，应分清主次。

※ 近景的表现对象是主体本身，让人对主体产生强烈印象。

▲ 中景图片

▲ 近景拍摄

※ 特写注重表现景物的局部和细节，于细微处揭示事物的特征，通常用它来细致地描绘、刻画被摄对象。

▲ 特写拍摄

景别不是可以随便乱用的，不同的景别具有各自独特的特点，适合表现不同的景物、满足不同的拍摄需要，应根据被摄景物的特点以及表现的需要来选择适当的景别。在影视拍摄中，还应根据情节发展和对人物心理描绘的需要加以选择和恰当运用景别。

②拍摄角度

相机的高度和俯仰是拍摄角度的第一个问题。不管是俯拍还是仰拍，被摄景物的影像都会出现变形情况，因此拍摄时照相机的高度，最好能随着被摄景物的高度的变化而变化，应尽可能取得平视的视觉效果。除非有特殊的拍摄需要，否则应尽量避免拍俯视或仰视效果的画面。目前，已研制出一种特殊的镜头—TS镜头，用于调整影像畸变。

▲ TS镜头

知 识 链 接

TS 镜头

　　TS 镜头（tilt & shift）是一种用于调整影像畸变的镜头，用于拍摄高大景物，能获得平视的视觉效果，而没有因为仰视拍摄而造成景物畸变现象。

　　俯视或仰视有其独特作用。有时，为了表现一些特定的被拍摄对象，需专门拍成俯视或仰视的效果。在影视拍摄中，仰视拍摄可以带

▲　TS 镜头拍摄的图片

给观众一种仰慕、威慑、恐惧和高峻的心理感受，因此，人们通常使用仰角来夸张英雄人物、高大凶猛的动物以及高大的建筑物和自然景观，另外，也可用仰视拍摄来表现人物高视阔步的心理状态或夸张跳跃的动作。俯视拍摄让观众感受到的是对被拍摄对象

▲ 人民英雄纪念碑

的鄙弃和蔑视，因此常用俯角来表现小人物的卑微、反面人物的卑怯等。新闻摄影常用俯角来拍大的场面，这是因为俯视能取得较大的取景范围。

▲ 仰角拍摄俯瞰水立方

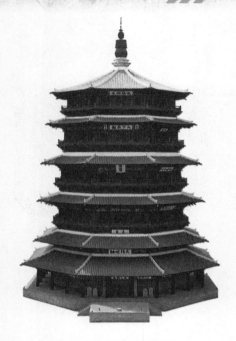

▲ 塔楼的正面拍摄

▲ 塔楼的侧面拍摄

从被摄对象的哪个角度拍摄是拍摄角度的第二个方面的问题，可分为正面拍摄、侧面拍摄和背面拍摄等。

（2）横竖画面的确定

在拍摄时就想好画面横竖，可以充分利用感光片，避免放大时做过多的剪裁从而造成对底片的浪费。主要是根据被摄对象的特点来选择横竖画面，同一景物画幅形式不同，其视觉效果也不同。

▲ 经典人像竖画面——林肯

▲ 风景画横画面——桂林山水

①被摄景物的形状

虽然自然界的景物千姿百态，但是依据主要形态分为两大类：即横向铺展或上下矗立。在人像摄影中，我们常常采用的是竖画面，因此有人把竖画面称之为人像式画面，而与之相对应的横画面则被称为风景式画面，横画面常用来拍摄风景画。

②画面中主线条给予视觉刺激的强弱

如果被摄体的形状并非典型的横竖两种，而是画面中的线条呈多样化、杂乱分布，则应该用确认主线的办法来确定画面横竖，以带给视觉较强的刺激。

③主体移动的方向

在拍摄动体时，确定画面的横竖应根据动体运动的方向特点。拍横向移动的动体，如汽车、飞机的运动等，常用横画面来拍摄；而对于上下运动的

▲ 跳高

运动体，如拍摄体育比赛中的跳高项目、跳水项目时，常采用竖画面。

横画面一般用以拍摄草原、沙漠、广场等，适合于表现事物的辽阔与广大。竖画面用来拍摄山峰、参天的大树、尖塔等，适合于表现事物的高耸与挺拔。

（3）画面结构中心——视觉中心点

摄影中的结构中心理论：在摄影过程中，主体应处在结构中心的位置上，不应位于画面的几何中心。如果画面中只有一个主体，则主体可以位于结构中心的任

▲ 结构中心不在画面几何中心上

何一个位置。如果画面有一个以上的主体，应尽量让它们都位于画面结构中心。

运用结构中心理论应注意利用其他摄影语言如光线、影调等来使画面保持动态均衡，不要拘泥于追求画面的绝对对称和均衡，从而取得稳定平衡的视觉效果。

（4）突出主体

突出主体是新闻摄影表现主题的最基本要求，是摄影艺术表现的

基本原则之一。

摄影突出主体的方法有 3 个：

①利用画面结构中心的理论突出主体，把主体置于画面的视觉中心的位置。

②利用主体和陪体对比的方法，如形态、大小、动静、色彩的对比、景调等，突出主体。

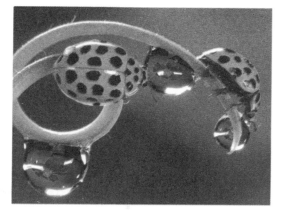

▲　虚化景深突出主体

③利用透视规律突出主体，可分为线条透视的规律和阶调透视的规律两种。

※ 线条透视的规律：近大远小，景物的轮廓线越远越集中；视平线以上的线条越向远处延伸则越往低处走；视平线以下的线条越向远处延伸则越向高处走；视点右边的线条向左集中，左边的线条向右集中。

运用线条透视规律，通过线条透视效果可将人们的视线引向画面主体，从而使主体突出。线条透视的效果还与镜头焦距、拍摄距离、拍摄角度以及拍摄方向有关，因此在拍摄取景时应仔细考虑好上述因素。

※ 阶调透视的规律：距离近的景物明度低，轮廓清晰，色纯度高，反差大；距离远的景物则明度高，轮廓模糊，色纯度变低，反差变小。我们在拍摄取景时，可以充分利用阶调透视效果，使其突出主体。

④利用景深原理，也可以起到突出主体的效果。

⑤利用对焦虚实的变化也是突出主体的基本方法之一。

（5）前景与背景的运用

依陪体在画面中位置的不同，可将其分为前景和背景。

①前景是指景物及画面中位于主体之前的物体。根据其所处位置和形式不同，前景可分为画框式、垂直式和突笋式三种形式。

▲ 画框式前景选择

应以表现被拍摄对象的需要和被摄对象的特点来选择利用前景。此外，前景处于陪体地位，不能喧宾夺主。

②背景是指景物中位于主体背后的景物，背景比前景相对容易处理。

画面中的背景运用得当，能极大地增加图片的信息含量，增强画面的表现力和说服力，因为背景能提供丰富的注解性、说明性的信息。应当注意选择那些对主体有说明、衬托作用的背景，来服务画面的总体。同时，不仅应分清主次，避免将主体与背景作同等处理，而且要避免主体与背景的相互游离，从而影响主体的表现。

（6）陪体的作用

陪体是相对于主体而言的画面构成部分，其作用在于与主体配合，构成一定的情节。它在具体画面中，不能够与主体平分秋色，更不能喧宾夺主，应主次分明。

知识链接

摄影小技巧

摄影需要有一定的器材、耐心以及一些必要知识，下面介绍拍摄一幅好的摄影作品的几个常用技巧。

①使用三角架以避免照相机的晃动，尽量地将照相机靠近被摄物体，但不要引入不必要的阴影。

②调焦轨是一个很好的辅助装置，可以帮助拍摄者拍出很多好的特写镜头。调焦轨可精确地控制照相机的位置和画面的景深，

使照相机以很小的增距沿着 X 和 Y 轴线移动。

③对于安装到三脚支架上的照相机，使用快门线可以防止按快门时导致照相机晃动。

④使用一个白色的卡片或是可以反光的东西（注意不要让这张卡片出现在被拍摄范围内），将光线反射在被摄物体上，用以照亮物体上的阴影部分，可以取得好的拍摄效果。

⑤摄影时会出现许多令人烦恼的意外情况，因此一定要有耐心。有时一阵微风也会使拍摄到的镜头出现模糊，这时，最好耐心等到风过了之后再进行拍摄。在户外拍摄时，有时天上的云突然将太阳遮住了，最好是等到太阳出来后再拍摄，这样拍摄出来的照片的色彩更鲜艳、明亮一些。

5.奇妙的小镜片——滤光镜的选用

滤光镜通常被用来改进拍摄质量或制造特殊的造型和用光效果，

▲　滤光镜

▲ 滤光镜

是摄影时经常用到的附件。一般从大的方面来讲，把它分为三类，即黑白摄影滤光镜、彩色摄影滤光镜和黑白彩色通用滤光镜。有时也把滤光镜分为光学滤光镜和光谱滤光镜两类。光学滤光镜能改变摄影镜头的光学特征，光谱滤光镜能有选择地吸收一部分色光，而让另外一部分光通过。

光学滤光镜一般为通用型，为了追求特殊的效果才使用光谱滤光镜。

（1）滤光镜的原理

①光线与颜色

电磁波包括无线电波、红外线、紫外线以及X射线等，而可见光谱只是它当中极小的一个区域，因波长范围不同呈现为不同的颜色，这些不同的颜色，也就是我们通常所说的红、橙、黄、绿、青、蓝、紫"七色光"，

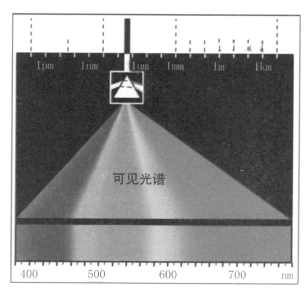

▲ 电磁波范围及可见光

▲ 黄滤光镜

也正是人眼可以看到的日光组成部分。这一光学研究成果是英国著名的科学家牛顿（1642—1727）发现并提出来的，滤光镜原理正是牛顿的研究成果在摄影术上的应用。

②滤光镜的原理

滤光镜是一种由玻璃制成的色光滤光器，能够有选择地吸收来自景物的一部分色光。它允许与自身颜色相同的色光通过，照射到感光片上引起感光，而其余的色光则被滤光镜吸收了。如红颜色的滤光镜就吸收蓝、绿光，只允许红色光通过。另外，还可以允许与其颜色接近的少量色光通过。如黄滤光镜，除了黄色光外，它还允许红、橙、绿光通过，因为在光谱成分中，红、橙、绿与黄接近。同一种颜色的滤光镜，颜色越浅，滤色的作用越小。

③滤光镜因数

▲ 光圈优先拍摄晚霞

由于滤光镜能够吸收一部分光线，导致到达感光片的光线会减少，因此，为了获得对景物的正确感光，必须增加感光量。

一般来说，每一种滤光镜都标有使用该滤光镜后需要增加的感光倍数，这个倍数就是我们常说的滤光镜因数。由于拍摄条件的变化、所用胶片的感光性能的不同均会对滤光镜的因数造成影响，因此所标的因数只是一个参考值。

滤光镜的因数主要取决于以下两个重要的因素：

※ 滤光镜本身的颜色和色度的深浅

在常用的几种摄影滤光镜中，红、绿、蓝色滤光镜的因数较大。

在颜色相同的滤光镜中，色度较深的，因数较大。如蓝颜色的滤光镜分为深蓝、浅蓝等，则深蓝的因数最大，浅蓝滤光镜的因数最小。

※ 光源的性质

光源不同，光谱的成分也就不同。如日出日落时的阳光中含有大量的红橙黄光，使用红、黄滤光镜，大量的红橙光就能通过，需要曝光补偿的量就不多，而中

▲ 日落时的阳光中含有大量的红橙黄光，需要曝光补偿

午的阳光中红绿蓝光成分接近，这时使用红、黄滤光镜，绿、蓝光被吸收掉，因而，需要曝光补偿的量就比日出日落时多。

另外，被摄景物的颜色也影响它的反光性。如被摄景物与所用滤光镜的颜色相同时，大量的光线都能够通过滤光镜到达感光片，所以需要的曝光量就少；反之，则需要较大的曝光补偿的量。

总而言之，滤光镜本身所提供的因数值仅是一个参考，要想获得正确曝光的景物图像，拍摄者必须根据具体的拍摄条件进行必要的调整。

（2）滤光镜与黑白摄影

除了与彩色摄影通用的光学滤光镜外，黑白摄影用的滤光镜还有一些专用光谱滤光镜，主要有红、蓝、黄等色，每一种颜色又有不同的深浅色度。如黄滤光镜便有深黄、中黄、浅黄及黄绿等。

黑白摄影使用光谱滤光镜是为了正确呈现自然景物的层次和反差，因为黑白图片是用不同深浅的有阶调的灰色影调来再现自然景物的。

▲ 红、蓝、黄三色滤光镜

通常，黑白摄影使用滤光镜，有五种原因：

①压低天空影调

由于天空本身总是比地面景物要亮得多，为了降低天空与地面景物的反差，以达到比较适当的反差，可用红、橙、黄、绿滤光镜来吸收蓝紫短波光，使天空变暗，从而压低天空影调。

通常，人们最常用黄滤光镜来压低天空影调，而在黄滤光镜中，深黄压低天空影调的能力最强，浅黄最弱。在实际摄影拍摄中，用得最多的是中黄滤光镜。而在白天使用红滤光镜，天空被极度压暗，变成了夜色，可以拍出"模拟夜景"的效果。

②改变空气透视

摄影中的空气透视是指人在看自然景物时所出现的特殊现象：近处的景物看起来颜色较深、清晰；远处的景物看上去则色调越远越淡、越模糊，极远处的景物则只能看个隐隐约约。

在拍摄时，我们可通过加用滤光镜的办法，来表现空气透视。有时，因为拍摄景物、拍摄条件及其表现目的不同，可以通过加用滤光镜的办法来强化或消除（削弱）空

▲ 改变空气透视

气透视效果。通常，摄影师在拍摄时所追求的是自然的空气透视效果。

③突出主体

突出主体是摄影创作的重要原则之一，同时，也是新闻摄影图片的重要表现法则。

有多种方法可以突出主体。人们可以通过对主体位置、大小的安排，背景关系的处理，

▲　用滤光镜拍摄后的照片，使主体更加突出

主体、前景、画面焦点的位置安排等多种方法突出主体。同时，利用滤光镜来控制影调对比，也可以突出主体。

④利用光学滤光镜拍出特殊效果

光学滤光镜有无色或灰色两种，UV 镜、星光镜、柔光镜、分像镜、多影镜、中心焦点镜等属于无色的滤光镜，其中有一些能造成特殊效果；灰色滤光镜有减光作用，又称为中性灰滤光镜，它只起减光作用，不影响色彩，也可用于彩色摄影。

⑤滤光镜在翻拍中的应用

应用滤光镜翻拍，能使得原先的字迹和图像更加清晰。因保存太

久或保存不当，某些重要文件可能出现污斑，纸的颜色也发生了变化，这样可加用与污斑或旧纸色相同或接近的滤光镜以达到去除污斑和偏色，让污斑、偏色因多感光而变白，达到去除的目的。

（3）滤光镜与彩色摄影

有一些彩色摄影所用的滤光镜也可以与黑白摄影滤光镜通用，但其有自己专用的滤光镜，即胶片型滤光镜、颜色补偿滤光镜、光线平衡滤光镜、专门用于彩色摄影的特殊效果的滤光镜。

①胶片型滤光镜

彩色负片、反转片有日光型和灯光型两种，分别适用于日光下拍摄和灯光下拍摄。但是，当相机里装有日光型的彩色片，必须在灯光下拍摄，或者照相机里装有灯光型片，必须在日光下拍摄时，滤光镜便可以发挥作用。另外，如果拍摄时遇上光线中某种颜色过多，也可以加用滤光镜来校正。胶片换型滤光镜有琥珀色和淡蓝色两种，琥珀色供灯光片在日光下拍摄使用，淡蓝色供日光片在灯光下拍摄使用。

▲　爆光时间加长，水流成纱状

②光线平衡滤光镜

光线平衡滤光镜可以平衡光线色温和感光片色温，有暖调和冷调两种。暖调的为琥珀色，可吸收过多的蓝紫短波光，降低光源的色温。冷调的为蓝色，用来提高光源色温。

③颜色补偿滤光镜

颜色补偿滤光镜又叫做色彩滤光镜，用 CC 代表，源自英语 Color Compensation。它用来改变彩色片总的色彩效果，在印放彩色照片时，也可用来校色。

④专门用于彩色摄影的特殊效果的滤光镜

这种用于彩色摄影的特殊效果的滤光镜主要有半色镜、双色镜等。半色镜又称半彩色滤光镜，它一半有颜色，另一半无色，因此，用其所拍的图片，会出现特殊效果，有一半带有滤光镜的颜色。双色镜是指把滤光镜制成两种不同颜色，各占一半，这样的滤光镜拍到的图片有两种不同颜色。另外，还有三色或多色滤光镜，用其所拍到的图片，可有三种或三种以上不同的颜色。

▲ 各种滤光镜

彩色渐变镜则可使彩色照

片出现新奇的效果。

（4）黑白、彩色摄影通用型滤光镜

这类滤光镜多为光学滤光镜，无论是在黑白摄影还是在彩色摄影中，其作用是一样的，或能造成特殊效果，或能提高图片的拍摄质量，不会影响光的颜色和光谱成分。

①用于提高拍摄质量的通用型滤光镜

用于提高拍摄质量的通用型滤光镜有偏光镜、UV 镜、减光镜。

※ 偏光镜

偏光镜又可叫偏振镜，主要是防止偏振光——非金属物体光滑的表面所反射的光线，如来自瓷器、漆器以及水面、玻璃等光滑表面的不规则反光等。在感光片上，偏振光会造成炫光，破坏画面的视觉效果，影响成像质量。此外，偏光镜还可以削弱天空光的强度。还有，它可消除自然风景中的蓝色雾霭，以增强画面影调反差和影像清晰度。

▲ 偏光镜

在偏光镜的实际运用中，必须要根据所用偏光镜的因数来适当增加感光。

※UV 镜

UV 源自英语，是紫外线的意思。UV 镜即是紫外线滤光镜。它是一种无色透明的滤光镜，可吸收光谱中人看不到、但会破坏曝光的

紫外线。若在高空、山地、草原拍片，加用 UV 镜，则可大量削弱或消除紫外线的干扰破坏，提高成像质量。如果拍摄远景和自然风光，UV 镜可澄清雾气、提高远景以及整个影像的清晰度。如果在有雾的环境里拍摄，UV 镜不仅能提高影像清晰度，还能还原彩色负片的色彩，防止偏色。

由于 UV 镜是无色的，不挡可见光，不影响感光，所以，人们还常用它来保护镜头。

※ 减光镜

减光镜既不影响黑白感光片的影调对比，也不影响彩色片对色彩的表现，因此又叫做中性灰滤光镜，它可以等量地减阻各种色光，从而减弱到达感光片的光线。通常，人们在拍摄过程中，为了减弱来自

景物的光线，可通过换用低感光度的感光片或者加用中性灰滤光镜来达到目的。

如果减光镜密度不同的话，其阻挡光线的程度也会不同，因此应根据景物自身亮度情况和拍摄表现的需要有选择地使用减光镜，特殊情况下，可叠合两个减光镜来使用。

▲ 减光镜

②黑白和彩色通用型特殊效果滤光镜

特殊效果的滤光镜能造成异乎寻常的特殊效果，如果运用得当，能增强摄影图片的表现力，以获得特殊效果。在实际拍摄应用中，这类特殊效果的滤光镜的种类在不断增多。下面是一些常用的特殊效果滤光镜。

※ 柔光镜

柔光镜能折射射入镜头的光线，使景物的光线变得柔和，因此，拍成的影像具有特殊的柔光效果。它用无色的光学玻璃制成，主要作用是使影像变得柔和、降低反差、使远景雾化

▲ 柔光镜

成特殊的雾状效果。

当拍摄人像特写时，用柔光镜可隐去人物面部的皱纹、斑点及其他瑕疵，使人物的面部显得柔润而光洁。当拍摄花草树木时，柔光镜可使风景出现"雾里看花"的特殊效果，尤其是在阳光灿烂的晴天，用柔光镜拍出的风光片具有特殊的氛围。

因为柔光镜对光线有折射扩散作用，虽然它为无色玻璃，但在确定曝光时，仍应适当考虑曝光补偿。

※ 星光镜

星光镜又名光芒镜，因其所拍摄景物中的发光点放射出光芒，像是来自星星的闪光，故称为星光镜。有十字形星光镜、雪花形星光镜、可变十字镜等常见星光镜。

▲ 星光镜

※ 多影镜

多影镜又名多棱镜，有三棱镜、五棱镜、六棱镜等多种。可在一张感光片上拍出多个影像。

※ 中心清晰滤光镜

中心清晰滤光镜又称晕化镜，它的中心部位是正常的光学玻璃，四周经过了特殊处理。用这种滤光镜拍出的图片，画面四周的景物是

▲ 中心清晰滤光镜

模糊不清的，只有位于中间部位的景物能结成清晰的影像。根据它对四周采取的处理方法不同，这种滤光镜分为普通晕化镜和动态晕化镜两种。

6. 善变的色光——彩色摄影原理的掌握

（1）色彩

①原色与补色

从摄影角度看，日光就是白光，是通过红、绿、蓝三色光的混合而得到的，这三色光就是三原色，通过其不同比例的混合，可形成各种可见的颜色。如红光和绿光混合，可得到黄色光；绿光和蓝光混合，可产生青色光。按照摄影理论，则青、品红和黄这三色光分别是三原色光红、绿、蓝的补色光。

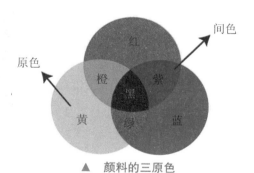

▲ 颜料的三原色

▲ 光的三原色

三原色和三补色之间的关系：从白色中减去某一原色，可得到与其对应的补色；每一种补色由两种原色组成，每一种原色由两种补色组成。

自然景物反射了哪种色光，就会成为所反射色光的颜色，其余的光线被吸收掉了。如红花在阳光下，反射了来自太阳的红色光，因而就呈现出红色，而太阳的蓝色光和绿色光被它吸收了。

②色彩的特性

※ 冷与暖

根据视觉与触觉经验，人类会对不同色彩有不同的感受。对一些色彩，人会有冷的感觉，而对另外一些色彩，人会有温暖的感觉。如红、橙、黄给人一种温暖的感觉，而青、

▲ 光与影、冷与暖的对比

蓝、紫使人感觉到寒冷。据此原理，人们把不同基调的彩色照片分为冷调和暖调两种。

※ 轻与重

在彩色摄影常用的众多表现手法中，轻重对比是其中的一个表现手法。

生活中，浅色、白色、冷色常使人联想起质量很轻的物质，如烟雾、白云等；而深色、黑色、暖色则让人容易想起岩石、钢铁等质量重的物质。

※ 快与慢

人的眼睛通常对不同色彩的敏感程度不同，反应速度有快有慢，如对红、蓝、绿反应快，对紫、黑、白反应较慢。

※ 进与退

在人的视觉心理上，有些色彩如红、橙、黄，会给人一种"前进、凸出"的感觉，这类色刺激人眼强烈；而有的色彩如绿、蓝、紫则具有"后退、凹进"的感觉。为了使画面更加具有立体感、纵深感，拍摄者可利用色彩的这一特性强化画面空间感。

▲　色彩的进与退

※ 胀与缩

在有色光中，人眼看红、橙、黄时，红、橙、黄会显得大，具有膨胀感；而青、蓝、紫则有收缩感，与相同大小的红、橙、黄比，看上去则显得相对较小。同样，在黑白对比中，我们可以发现，相同面积的白会比相同面积的黑显得大。

③色彩三要素

在摄影中，色彩三要素是色别、明度、饱和度，也就是指色彩三属性。

※ 色别

色别是指不同颜色之间的差别，也就是摄影中所说的色相，它是不同颜色的表象和名称，如红、橙、黄、绿、青、蓝、紫等。不同的色别可用光谱中的波长来标示，人的眼睛可分辨出约有180种的色别。

※ 明度

明度是指色彩的明暗程度，在反光率相同的情况下，不同色别的明暗程度不同。如红色光比青色光要明亮，黄色光比红色光更明亮。同时，同一色相因受光强弱不同或者物体对光的吸收、反射性能不同，会呈现不同的明暗变化和差异。通常，在摄影过程中，不同颜色的明度差异变化有助于表现画面的空间立体感和层次感。

※ 饱和度

同一色别的纯净度和鲜明度叫饱和度。从色光的角度来看，光的波长单一程度越高，饱和度就会越高；同一色相会因饱和度的差异，而呈现为不同的颜色；

▲ 色彩饱和度恰当运用后的效果

不同色别的饱和度不同，一般情况下，红色的纯度可达到最高，绿色的则相对较低；黑白色光的渗入会导致饱和度发生变化。通常，影响饱和度的因素有照明光线的性质、反射的性能、物体表面结构对光线吸收等3个。

（2）色温与色温平衡

①光源色温

在实际生活中，当一块黑铁被加热时，我们会发现，随加热温度的变化，铁的颜色也发生不同的变化，颜色由黑变红，由红变黄，直至最后变白、变蓝。从这一现象中，人们可推断出，温度和色光之间存在着某种相对应的关系，人们可利用温度的数值来说明光源的色成分，这就是色温。

知 识 链 接

色温标准

英国物理学家凯尔文（Kelvin）是色温标准的制定者。其度量标准是：把一绝对黑体在绝对零度（－273℃）下进行加热，温度每升高1℃，称为1K，当加热到0℃时，色温即为273K。

在实际应用过程中，可以用色温来表示光源的颜色质量：

（1）当色温越低时，红色成分就越多；色温越高，蓝色成分就越多。

（2）不同光源具有不同的色温。如普通电灯光的色温约为3000K，而日光色温平均为5000K。

（3）在一天的不同时间段里，色温也不同。如日出、日落时，色温偏低，因为光线以红、橙色成分居多；日出2小时后与日落2小时前，光线正常，色温适中；中午时，色温偏高，因为光线蓝、紫成分多。

②彩色胶片的色温平衡

一般来说，不同的彩色片适合在不同的光源下拍摄，日光型彩色片适合在日光下拍摄，灯光型彩色片适合在灯光下拍摄。但是当用同一胶片在不同光源下拍摄时，就必须用滤光器来解决色温平衡问题。

光　源	色　温
晴朗的天空	120000~18000K
有云的天空	9000~12000K
雨天	7500~8000K
阴天	6500~7500K
一般夏日阴影	6000~6900K
晴天日光	5500~6000K
电子闪光灯	5500~6000K
日出后或日落前2小时	3850~4100K
日出后或日落前1小时	3450~3750K
日出或日落时的阳光	3050~3150K
家用灯泡	2500~2800K
烛光	1800~1900K

在彩色摄影中，常用于色温校正的滤光镜有胶片换型滤光镜、光线平衡滤光镜和颜色补偿滤光镜三种。

数码相机则使用"白平衡"功能来调整感光色温。

知 识 链 接

白平衡调整功能

数码相机的白平衡调整功能，采用的是通过电子线路改变不同色光产生的信号增益的办法，使所拍摄的图片达到色彩的正确还原，这与传统相机在镜头前加色温转换滤光镜的方式相似。

白平衡调整功能有自动调整、分档调整、精确调整三种调整方式：

（1）自动调整即相机会根据测定的现场光线色温状况，来自动进行调整，以达到色彩的正确还原。操作简单，但有偏差。

（2）分档调整即拍摄时手动调整现场光线类型，如日光、阴天、日光灯、闪光灯、白炽灯等，使其得到较好的色彩还原。

（3）精确调整即依据现场光线的色温状况，较细致地调整数码相机的感光色温数。有的数码相机用白平衡测定按键，测定白色物体的色温，再拍摄，可以得到较准确的色彩还原。

（3）色彩的表现

彩色摄影表现的基本原则是尽可能使色彩表现合理化、科学化、艺术化。

①色彩的基调

色彩的基调是指画面色彩的基本色调，也就是画面色彩的基本倾向及它所给予人的总体印象。

▲ 色彩的表现

※ 暖色调

暖色调的颜色适合用来表现欢快、热烈的气氛。在摄影画面中，若运用红、橙、黄等暖色调构成画面的基调，会给人一种温暖、温馨的感受。

※ 冷色调

由青、蓝、紫等颜色占主导地位的画面给人一种清凉、冷、忧伤的感觉。由于天光的影响，室内自然光条件下的物体的色调偏冷。

②色彩的对比

色彩的对比即是色彩的多样性、差异性与矛盾性。

▲ 色彩的对比

※ 明暗对比是因明暗差别而形成的对比，不同颜色给人眼的明度刺激不同，从而形成明暗之间的差异。画面中适度的明暗对比可使人眼获取一定信息。

※ 色相对比指因色相差别而形成的对比，合理地、科学地运用色相对比，可产生生动传神的摄影画面。

※ 互补色对比比色相对比更刺激、更丰富，给人一种更强烈的对比效果，如青与红、黄与蓝、品红与绿的对比。

③色彩的和谐

与对比的效果相反，整个画面的色彩配置统一、协调、完美悦目，不是给人以强烈的色彩刺激，而是表现得柔美、优雅，以平静和美的色调唤起人们的审美感受。

▲ 色彩的和谐

※ 同类色和谐

同类色是指色彩相同但明度不同的颜色，如绿、淡绿、深绿等，没有色别上的区分，只具有明度上的差别。这类色彩搭配在一起，可以来表现被摄物体的轮廓特征和立体形态，产生具有丰富层次感的画面，给人一种和谐、美的感受。

※ 类似色和谐

红、橙红、橙黄、黄含红色色光成分，黄绿、蓝绿、青绿含绿色光成分，像这种含有同一色光成分的一些色彩，就是类似色。用类似色来配置画面，可使画面产生和谐与协调感。

※ 消色和谐

消色就是彩色摄影中黑、白、灰等无色彩的颜色。消色与任何色彩配合都可产生协调的效果，且使色彩的色质更突出明显。

④色彩的呼应

当画面中有一大块某种色彩时，同时又有一小块相同的色彩来相呼应，便可使画面产生均衡感和一致性，从而让人感觉得到画面的和谐、协调和呼应，这就是色彩的呼应。

⑤色彩的感情

色彩是摄影中表达感情的重要造型因素。在大自然中，每一种不同的色彩给人以不一样的感受与联想。当人们看到金黄色，就会产生丰收、胜利等情感上的联想，这种情感上的联想就叫作"色彩的感情"。一般来说，因为人们生活的环境不同，不同的人对色彩的认识、喜爱差别很大。如中国人认为黄色象征高贵，但西方人却厌恶黄色。

彩色摄影表现的重要追求之一，便是用不同感情的色彩来配置画面，使色彩显示其真正的魅力，成为沟通人们心灵的纽带。

（4）影响照片色彩的因素

一般来说，被摄体本身的色彩、光源的色彩、环境的色彩、滤光镜的影响、胶片的色彩还原性能等，都是影响照片色彩的因素。

▲　背景与主体

①被摄体本身的色彩影响照片色彩。

②物体对光线有选择吸收、反射，会使照片上的景物呈现出不同的色彩。如被摄体反射了绿光，而吸收了红、黄、橙等色光，因此呈现绿色。

③光源的色彩影响照片色彩。不同波长的光线具有不同的颜色，光源的色成分不同，其色彩也不同。如在晴天的情况下，日出日落时红、橙等长波光线为主，阴天时蓝、紫短波光为主。同时，不同性质的光源照射在同一被摄景物上，也会呈现出不同的色彩。如日光灯与灯泡照在同一物体上，日光灯照射下物体呈现的颜色不同于灯泡照射下呈现的颜色。

④环境色彩的影响。被摄景物所处环境的色彩影响画面色彩，常表现在色彩画面之中，如当被摄对象处于大量红色背景中时，被摄对象则会呈现偏红的色调。

▲ 耕地的纹理和主体的结构，产生视觉的冲击

⑤感光片的色彩还原性。感光片不同，其色彩还原性能不同。优质感光片可以使景物色彩得到正确还原，过期的感光片一般容易出现偏色。

⑥滤光镜通过改变来自景物的光线性质，从而对照片色彩产生影响。

另外，曝光控制、人的主观因素、冲洗加工条件、胶片的保存条件和观看照片的条件等都是影响照片色彩的因素。正确判断照片色彩最好的光线条件应为日光。

第三节　各种光线条件下的摄影

从光源的种类来看，我们一般可将其分为两大类：自然光和人造光。下面主要介绍自然光。

自然光是来自太阳和月亮、星星的光线，以及自然环境中反射来的阳光、月光和星光，它的光线是摄影的主要光源，是可变的，会随着天气、室内外的不同、一天中的时间的变化而不同。因此，在摄影的过程中要注意在这些环境下的拍摄。

■ 1.天气多变——各种天气条件下的拍摄 ■

天气是多变的，人们一般把天气分为晴、阴、多云、雾、雨、雪等几大类。天气不同，直接影响拍摄和表现景物的效果，因为不同的天气，阳光的照射情况不同，因此景物也产生相应的变化。

（1）晴天的光线变化和拍摄方法

晴天，阳光照射在景物上，景物会产生明显的受光面和背光面以及清晰的投影。当太阳位置发生变化时，景物的受光面即受光角度和受光范围也会随之发生变化，产生顺光、侧光、逆光和顶光以及晴天阴影下等几种情况，每种情况都各有特点。

①顺光时，光线来自景物正前方，受光均匀，受光面积最大。利用顺光拍摄时，缺乏明暗对比，立体感较差，因为被摄对象的投影是几乎看不到的，或者有时能看到很少的一部分。同时，顺光拍摄对空间深度感的表现也比较差，因为主体和背景的受光情况相同，远

近景物在影调和亮度上没有十分明显的变化。

顺光具有独特的优点。在顺光情况下，被摄景物受光均匀，可采用平均测光的方法使被摄物体正确感光；顺光拍摄的景物接近圆形，可利用其来表现被摄物的质感；利用顺光拍摄彩色片，饱和度高，色彩鲜艳，可使色彩得到正确还原。

但是，从专业拍摄来看，顺光拍出的片子大多属两维平面，缺乏三维空间感，缺乏表现力。

②侧光是摄影中最常用的光线，光线来自被摄景物的侧面，一侧受光，另一侧处在阴影之中。

侧光具有独特的优点。侧光能较好地表现立体感和空间深度

▲ 侧光拍摄

感，有利于影调和反差层次的表现，能很好地表现被摄景物的清晰轮廓。但侧光不能较好地表现被摄物细部的质感。

③逆光的光线来自被摄物的侧后方或后方，可以生动地表现出景物的空间深度感和立体感，但在景物层次的表现上无能为力。

④顶光是指来自被摄景物顶部的光线，如正中午时的阳光。在顶光的情况下，景物中突出的部分，会在凹处产生投影，影调对比生硬，光线强烈，明暗反差大。一般摄影时，避免顶光拍摄，只有需要用其

表现被摄景物轮廓时，才用这种顶光光线，因此正中午不是摄影的好时段。

知识链接

"熊猫眼"

"熊猫眼"：用顶光拍摄人物时，在人物眼窝、鼻子下端、下巴底下会出现浓重的阴影，这就是人们俗称的"熊猫眼"一样的黑眼圈。如果非用顶光拍摄不可时，可以用辅助光来消除或者削弱阴影。

⑤晴天阴影下的光线来源于广大苍穹和环境景物的反光，是散射光，光线柔和，景物基本没有明暗面的区分。在晴天阴影下，景物的受光均匀，无论从哪个角度拍摄，曝光都不会发生多大变化。

晴天阴影下的光线特别有利于表现景物的细部和细腻质感。在晴天阴影下拍摄

▲ 阴影拍摄林间照片

人物，可使被摄者的皮肤质感得到细腻的表现，可使人物特别是妇女和儿童的肌肤表现得柔嫩光滑。但是在拍彩色片时，因为光的成分中蓝、紫光成分偏多，不同于日光，容易出现偏色情况。另外，晴天阴影下的拍摄难以表现立体空间感和空间深度感。

（2）多云天气的拍摄

多云天气对拍摄而言是指有大量云层遮住了太阳的天气情况，阳光变成了散射，无法区分景物受光面与阴影面，投影很淡或者几乎没有。

在这种天气里，整个天空和地面景物的亮度较为明亮，而不是很暗。在多云天气拍摄有特殊的优点。多云天气光线散射、均匀、柔和，十分利于表现景物的细致隐纹和细腻质感，是拍摄人像特别是拍摄妇女和儿童照片的理想天气情况。在拍彩色片时，可使色彩得到正确呈现，景物色彩柔和而鲜艳。在拍细腻质感的静物时，能很好地表现出它们本身具有的质感和细腻感，如针织品、瓷器或玻璃器皿的拍摄。

与阴天的光线比，多云天气的光线更加接近直射阳光的光谱成分，

▼ 多云天气的拍摄

另外光线充足，曝光容易把握，可以说，多云天气对某些拍摄题材来讲是理想的拍摄天气。但是，多云天气难于较好地表现景物的立体感和空间深度感。

（3）阴天的拍摄

阴天是指乌云蔽日，整个天空和地面景物都很暗淡的天气。阴天下的拍摄，应注意充分曝光，因为整体光线较弱，曝光不易把握。

▲　阴天的拍摄

在阴天，景物无明暗面的区分，受光均匀，没有投影、阴影，景物没有层次感，平淡而缺乏生气，因此，在阴天拍摄效果不是很理想。如果拍摄自然风景，为了造成空间深度感，要选择有前景、中景和背景不同景别的画面，或选择好前景，通过不同距离上的景物的对比来表现。如果拍摄人像，因为光线平淡，拍出的人像会因光线暗淡而失去光彩和魅力，因此阴天不宜拍摄人像。如果拍彩色片，则会出现偏色。为了增强画面的活力，可以用较鲜艳的色彩来装点画面，或者用明度高、色彩艳丽（如红、黄）的装饰，或者让被摄者穿上色彩鲜艳的衣服，使画面生动，较好地表现色彩的效果。

（4）雨天拍摄

雨天天气条件下，光线柔和，景物反差小。自然景物色彩浓淡有致，层次丰富分明，景物影像若隐若现，生动、富于变化。

▲　雨天的拍摄

当增强环境的亮度时，可以拍出景物的倒影，从而增强了画面的趣味性。在雨天拍摄时，如果正下雨，快门速度不宜过高，避免把雨凝结成水滴；为了加强其空间深度感，自然景物应选择有、远、中近对比的景物；彩色片应多选择红、黄等艳丽色彩。

在雨天拍摄时，要避免地面雨水的反射光对曝光造成大的影响，照相机镜头要戴好遮光罩。

（5）雪景拍摄

雪景拍摄有两种情况：

①在下雪的天气里拍雪。在这种情况下，能见度较差，雪景光线散漫而柔和，可选择深色背景，以衬托雪花。

② 在雪过天晴之时拍雪景。这时，洁白的雪反光率极高，有雪的地方和没雪的地方反差极大，为了得到适当的对比效果，需要采用

▲ 雾天拍摄

补光措施来缩小它们之间的反差。

（6）雾景拍摄

不同天气条件下的雾各有不同，如有阴天的雾、山区的云雾、晴天清晨的薄雾等。雾能表现强烈的空间深度感，因为雾天光线柔和，可以隐去一些景物，而使未被隐去的景物半遮半掩、呈现出丰富多彩的层次，致使前、中、背景在雾气中遥遥相对；若前景、中景的景物为深暗色调，则会形成强烈的远近对比。另外，鲜艳的色彩也能增强雾景画面的活力。

在雾景拍摄时，如果想增强或减弱雾的效果，可运用滤光器。

2.晨昏之美——日出、日落的拍摄

日出日落是非常美丽而壮观的自然景象，这时的阳光具有以下一些特点：①光线变化很大，太阳光线亮度瞬息万变。②光谱成分以红色为主，光线柔和，不刺目。③时常出现丰富多彩的云景和美丽的霞光。

▲ 美丽的日出

和太阳本身相比起来，日出日落时的地面景物亮度较低，明暗差别很大，为了获得好的拍摄效果，在日出、日落拍摄时，我们应注意以下三方面问题。

▲ 日落美景

①为了获得正确的曝光量，曝光控制应随着光线的变化不断调整，控制曝光最好采用侧光的方法。

②应根据光线强弱来判断是否把太阳摄入画面。如太阳刺眼的话，会在相机镜头表面产生反光，破坏整体画面效果。若太阳看上去不那么刺眼时，可将太阳直接摄入画面。

③如果希望造成空间的深度感，应选择适当的前景来造成远近对比。如果希望表现太阳光芒四射的效果，可采用小光圈（如采用 f1/16 或 f/11），同时，注意用霞光和彩云装点日出日落景色。

3. 夜色迷人——巧拍夜景

夜间拍摄的主要光源是月光、星光以及灯光、火光等人造光，光线较暗、不均匀，多用长时间曝光的方法来拍摄。可把照相机固定在三脚架上，或者用B门

▲ 夜景拍摄

做长时间曝光，或者利用照相机的二次曝光和多次曝光功能来拍夜景。

4. 柔和的室内光——室内自然光的摄影

室内自然光光线柔和，但是照明不均匀，亮度变化大，光比差别大，反差极强。在拍摄时，要注意以下事项：

①利用反光板来补阴影部位的光，或者用闪光灯作辅助光来有效地控制景物的反差变化。

②为了使感光片充分获得感光，最好用侧光来确定曝光量，或本着宁多毋少的曝光原则，因为室内自然光的亮度与外界光线相比相差很大。

③为了能很好地记录室内自然光的强烈现场气氛，如果拍静态景物，可将照相机固定在三脚架上，利用慢门做较长时间感光。

④由于室内室外光线的亮度反差极大，如果直射阳光透过门窗照射在被摄物体上，会超过感光片的宽容度，导致不能正确地记录被摄物的层次和影调，因此必须避免阳光透过门窗照射在被摄物体上。

▼　室内外有反光时的摄影照片

第四节　人造光摄影

人造光的光源可分为持续光源和瞬间光源两大类。持续光源能够持续不断地发光，如烛光、电灯、日光灯、摄影灯等均属人造光，可持续不断地发光；瞬间光源只能发出瞬间闪光，如摄影中重要的电子闪光灯，其发出的光就是瞬

▲　摄影专用灯

间光源。由于这两种人造光源的发光性质不同，因而对摄影也提出了不同的要求。

1. 灯光摄影大集结

（1）灯光的种类

一般日常生活中常用的灯光有普通电灯光、摄影专用灯、新闻灯三种。

①普通电灯光

普通室内或夜间照明的灯主要有钨丝灯和日光灯。

钨丝灯泡发出的光大多含红光成分，它的灯光亮度用瓦数来计，光与瓦数成正比。有 15 瓦、60 瓦、100 瓦、500 瓦等多种钨丝灯泡。日光灯有日光灯管和日光灯泡、节能灯，其所发出的光中含有较多的蓝色成分，接近日光，它也是用瓦来表示灯光亮度的。

②摄影专用灯

摄影专用的灯具有散光灯和聚光灯。

散光灯的灯泡由磨砂玻璃制成，光纤为散射光性质，扩散柔和，又称强光灯。其发出的光线中含蓝色成分比普通灯泡要多。一般有 250 瓦、500 瓦、1000 瓦三种，和普通灯光一样，瓦数与发光能力成正比。这种灯发出较强的光线，使用寿命很短。

▲ 摄影专用灯

聚光灯主要是用来照明主体主要部位，其光线经过聚光镜的会聚后，成为很细的光束，集中而强烈，照明范围小。可调节灯泡至聚光镜间的距离。

▲ 新闻灯

③新闻灯

新闻灯是碘钨灯，是现在电视记者常用的灯，摄影记者可以借助其光线来拍摄。其质量轻，体积小，方便使用和携带。其发出的光亮度较高、较均匀，色温接近普通灯光的色温。可直接接在220V的电源上使用。

（2）灯光摄影的光线配置

根据光的作用不同，灯光摄影所用灯光可以分为主光、辅光、背景光、装饰光等几种。

①主光是用来照亮景物的主体或景物最重要部分的光线，它是灯光摄影最主要的光线，也是曝光控制最主要的依据，用来照亮被摄物体的被摄面。通常摄影中只用一个主光。

②辅助光用来照亮画面中的阴影部分，用以冲淡主光造成的投影，使画面中的阴影部位也能出现隐纹。其亮度低于主光。

③背景光的作用是把被摄对象和背景拉开或使其主体与背景发生某种联系，用以增强环境气氛。其亮度也应低于主光。

④装饰光是在人像摄影或静物、广告摄影中，用来重点表现某一部位或对某一部位做细节描绘。它的亮度不高，照明范围较小。

（3）灯光摄影的曝光

影响灯光摄影感光的因素主要有以下五种：

①灯光的强度。

②灯和被摄物体之间的距离。

灯泡本身瓦数大小与灯光的强度成正比关系，瓦数越大，光线越强。曝光最主要的依据是主光灯的光线强度。

▲ 灯光摄影

③灯光的颜色。

目前，黑白全色感光片的感光度和日光型彩色片是按日光的光谱成分来测定的。

④被拍摄景物的色泽、表面结构、对光线的吸收和反射能力。

⑤拍摄环境对感光的影响。

和日光条件下拍摄相比，周围环境的反光能力对灯光摄影感光的影响还要严重些。若整个拍摄环境是浅色或白色的，整个拍摄环境的亮度会增加；反之，如果环境是黑色或深色的，亮度会降低。

由于影响灯光摄影感光的因素在实际拍摄过程中相互影响、相互制约，共同起作用，在具体拍摄时应综合考虑上述因素，才能确定正确曝光量。

2. 闪光灯能闪万次吗——现代电子闪光灯

通常，电子闪光灯能够多次闪光，被人们称为万次闪光灯，主要是由闪光灯身、闪光管、同步连线及闪光灯与相机机身的接头等组成，有小型便携式和大型闪光灯两种。大多数新闻摄影记者多采用小型闪光灯，它方便携带，容易操作。大型电子闪光灯闪光功率比小型电子闪光灯强，但是笨重。

▲ 电子闪光灯

（1）电子闪光灯的特点

不管按照何种界限来区分，现代电子闪光灯一般都有以下一些特点：

①它是一种瞬间光源，发光时间极短暂，可达 1/1000 秒以上。

②它发出的光线是一般人造光源难以相比的，特别强。

③其光线的成分接近日光，色温接近日光的色温，为 5400~5600K。

▲ 闪光摄影下的美好留念

（2）闪光摄影的感光

闪光摄影感光主要因素有闪光灯的闪光能力——闪光指数、闪光距离、闪光角度、胶片感光度、被摄物体的表面结构和反光能力、被摄景物所处环境的反光能力等。

①闪光指数是在闪光灯设计生产时标定的，指闪光灯在瞬间内发出的光线强度。在闪光摄影中，光圈大小和闪光距离是影响感光的两个重要的因素。

"铁三角"

闪光指数和光圈大小、闪光距离之间的关系是：闪光指数＝f系数 × 闪光距离（单位是米）。在拍摄时，只需要想好所用光圈数值或测得闪光距离，则可用上述公式，求得相应的另外一个值，以便确定曝光值。

②闪光距离指闪光灯至被摄物体间的距离，是闪光摄影感光的最重要因素之一，闪光灯的光线强弱随着闪光距离的改变而改变。

③胶片感光度。

④闪光角度范围。

现代闪光灯的闪光角度范围可以依据所用镜头的视角大小也就是镜头的焦距的长短来调整，这是因为焦距和视角两个因素紧密相关。此外，使用广角镜头拍摄时，要注意闪光灯的闪光范围与镜头视角的配合，如果闪光角度太小，就难以使整个拍摄画面全部受光。

⑤被摄物体的表面结构、反光能力。

⑥被摄景物所处环境的反光能力。

被摄景物所处环境的大小及周围景物颜色的深浅直接影响环境对光线的反射能力。

（3）电子闪光灯的使用小窍门

现代电子闪光灯品种繁多，特点不一，因此其使用方法也多种多样。下面是使用电子闪光灯的小窍门。

①闪光灯滤光器要使用得当

滤光器使用不当会造成不伦不类的色彩效果，破坏气氛。现在的电子闪光灯一般都有相配套的滤光器，应根据景物特点和表现需要加以选择。自动电子闪光灯可根据加用滤光器后的闪光亮度来自动控制感光。

②克服"红眼效应"

"红眼效应"是指人们在使用电子闪光灯拍摄彩色片时，人物的眼睛瞳孔里出现红点或瞳孔变成红色。在使用电子闪光灯拍摄彩色片时，应尽量避免产生"红眼效应"。

知 识 链 接

造成"红眼效应"的原因

造成"红眼效应"的原因是：在光线较暗的环境下，人的眼睛为了看清景物，必须放大瞳孔，如果突然闪光照射被摄者正面，人眼视网膜上微血管上的血色就会反射出来，留在了感光片上，这样，在照片上的人眼里就留下了红点。

避免"红眼效应"的有效的办法是：避免直接从正面照射人物，以防止直接反光；让被拍摄者先看一眼明亮的事物，使瞳孔收缩，如直接看一下灯等。

（4）用闪光灯作辅助光的摄影方法

在室外摄影中，当阳光直射被摄物时，被摄物体明暗反差过大、无法正确记录景物层次，可用闪光灯作辅助光，以照亮景物的阴影部位，使其获得与受光面适当的光比。具体做法如下：

▲ 用闪光灯作辅助光的摄影方法

①以景物中阳光照射的一面为曝光标准确定好曝光组合，同时做到快门与闪光同步。

②临界距离上的闪光强度和阳光照射的强度是相同的，可根据选好的光圈、快门的值和闪光灯指数求出闪光灯至被摄物间的距离——临界距离。

③为了使闪光变成弱于阳光的辅助光，可以依据所要获得的光比来设定闪光灯的距离，用以减弱闪光的强度。

第五节　人像摄影

■ 1. 形神兼备——人像摄影

自摄影术诞生以来的170多年时间里，摄影获得了长足的发展，就其题材而言，包括风景摄影、花卉摄影、人像摄影、静物摄影、舞台摄影、新闻摄影，等等，题材不一样，拍摄特点也不尽相同。这里我们着重要

谈的是人像摄影。

人像摄影是以人为创作对象的摄影体裁，直接表现人，并通过人的形象、精神面貌来揭示生活。人是社会生活的核心和主角，任何摄影都不可能离开对人的表现而存在，如报纸杂志上的新闻图片、大街小巷琳琅满目的广告等。

人像摄影可分为"报道性人像摄影""服务性人性摄影""生活性人像摄影""艺术性人像摄影"等几大类，每一类人像摄影都是对人物外部的体形、表情、动作加以形象刻画，来表达人物的内心感情、精神气质和性格特征。

拍摄者的拍摄技巧和知识的掌握以及其思想意识和审美能力是拍摄一幅优秀的、形神兼备的人物肖像的重要因素，因此，我们在拍摄人物摄影时，除了掌握最基本的摄影知识和技术、提高个人文化修养外，还有必要学习人像摄影的特殊表现手段，掌握人像摄影的特殊规律，才能拍摄出更真、更美的优秀人像佳作。

（1）了解被摄者

在人像摄影拍摄过程中，我们首先要着重了解被摄对象。摄影者要善于从生活中去了解人、熟悉人，掌握不同类型人物的特点。同时要注重人像摄影作品中人物的精神面貌，选择和抓取最能表现个性特征的脸部表情，拍摄下来，做到形神兼备，从而使人物内心的情感和外部表情动作相一致。世界著名的摄影师卡希拍摄的人像代表作《丘吉尔》，就是这方面极好的例子。

愤怒的丘吉尔

1941 年 12 月，英国首相丘吉尔访问加拿大，加拿大著名人像摄影师尤索福·卡希为其拍摄了一幅肖像。

那一天，丘吉尔作完讲演后，由加拿大总理麦肯齐·金引导走进议会室。卡希之前已经在议会室把灯光和照相机布置好

▲ 丘吉尔

了，静等丘吉尔的到来。丘吉尔口衔雪茄问道："你这是干什么？"卡希忙向前说："阁下，我希望给您拍一张照片来纪念这次盛会。"拍照前，丘吉尔总是叼着雪茄，露出一丝悠闲劲。卡希觉得此时的丘吉尔跟他理解的，也就是丘吉尔的惯常的神情不大一样。于是，他突然走近丘吉尔，扯下丘吉尔嘴上的雪茄。丘吉尔正要发怒，卡希迅速地按下了快门，一幅闻名世界的人像杰作就这样诞生了，

前后仅用了两分钟。从中可以看出来，拍摄一幅好的人像照，是与拍摄者对被摄对象的深入了解和研究分不开的。

（2）人物思想感情的表现

一个人的外部体形、动作、表情可以表露出他的思想情感和个性特征。通常人像摄影中人物情感的表达，就是借助被摄者的外部体形、动作、表情来实现的。在具体的拍摄过程中，在人物的面部表情、手的动作、身体姿态等拍摄方面，应该注意以下几个重要方面。

①人物的面部表情

人的面部是主要表现人物内心感情的身体部分，在拍摄过程中，要仔细揣摩被拍摄的对象，分析其面部的特征。生活中，每一个人不可能都长得很美，不同的国家和民族又有不同的审美观点，如有的国家认为脖子越长越美，有的则认为耳朵越大越美等不一而论，所以在拍摄人像中，拍摄者应充分调动不同的拍摄技巧，根据不同人物的审美观点、脸型特点，突出被摄对象"美"的方面，掩盖丑的方面（这里的丑是指人的自然缺陷），把人物拍得既像本人，又比本人更美。

②手的动作在人像摄影中的作用

在人像摄影中，手的动作对人物造型、表现人物个性特征方面起着很重要的作用。俗话说"手是人的第二面孔"，在拍摄取景时，摄影师一定要检查对方手的位置是否放得恰当自如。拍摄时不能主观地任意摆布被摄对象，要把手势的表现当作一种语言，来美化被摄人物的整体形象，达到感情、神态、环境和谐统一，只有这样才是艺术的创作，如手势造型、手托下巴等。

▲　儿童手势的任意摆放，尽显童趣

③身体姿态对造型的影响

从摄影角度来看，和手势一样，身体姿态也是表现人物形象的重要手段。被摄者或坐或站、或正面或侧面，不同的姿态选择，通常要考虑到其性别、年龄、性格等多个方面，才能拍摄出一幅栩栩如生的人像摄影作品。而摄影师正是通过这些表现手段，来完成人像摄影中形象美的塑造的。

④抓好瞬间

人像拍摄要善于抓住每一个特别瞬间。摄影中的瞬间是指被摄对

▲ 儿童瞬间表情

象运动发展变化的一个短暂的过程，也是摄影创作中把握形象的拍摄时机。那么，如何才能抓好这一瞬间呢？因为人眼变化最快，是人心灵的窗户，因此，拍摄者在按下快门之前，要认真观察和捕捉被摄对象眼睛最传神的瞬间。一般来说，一张人像作品的好与劣，关键在于抓拍瞬间时，在对被摄者深入地观察和研究的基础上，拍摄者能否通过被摄者眼神表达出人物的内心世界。

⑤表情、神态、形象的统一

人像摄影的拍摄在于生动地揭示人物真实的思想和精神面貌，也就是要"拍活"。拍活的一个重要手段是追求动感，因为动感不仅是外在动作和姿态的变化，更是人物内在的思想

▲ 表情、神态、形象的统一

感情活动的表现。通常情况下，当被摄者完全处于生活自然情景中时，拍摄者一旦发现其最好的神态，迅速按下快门，这种方法一般能抓好瞬间。

2. 难忘的瞬间——人物肖像的拍摄

（1）带环境的人物肖像拍摄

拍摄人物一般要有特定的环境，只有在特定的环境里，被摄对象的思想和感情活动才能表现出来，从而揭示出人物的性格特征。特定环境的人物肖像要达到人物和环境的统一。通常在这种拍摄中，摄影者要借助环境、情节、动作来

▲ 蓝天下的人物拍摄

刻画、再现人物，如正在思考和创作的剧作家、田野里的农民等。

（2）不带环境的人物肖像

所谓不带环境的人物肖像的拍摄，即"标准照"、先进人物照或艺术肖像，它是以单一平面为背景，用黑白灰以及单颜色的背景拍摄的人头像。由于没有环境的烘托，不带环境的人物肖像需要在构图、色调对比、用光、人物姿态等方面特别下功夫。拍摄不带环境的人物

肖像时，在满足肖像对象的要求、做到形似的前提下，尤其要注意神似。

此外，当在室外拍摄时，可能因来不及准备背景材料，拍摄中要因地制宜，较好地利用蓝天、绿树、建筑物的墙壁等。另外，为了使背景"干净"，还可用开大光圈、压缩景深的办法来达到目的。

■ 3. 让画面更美丽——人像摄影的构图 ■

摄影创作构图主要是指照片各个部位的结构，也就是指画面各个部分相互关联、相互结合在一起，成为完美的画面。每一种形式的摄影都离不开构图。那么，在人像摄影中，怎样才能把画面处理得完美和谐呢？首先，拍摄者要善于观察、

▲　人像构图效果

分析和研究周围不同人物的特征，抓住其本质的东西。其次，拍摄者要充分利用不同的构图方法，如人像摄影中的光线、线条、色彩、虚实、影调层次、高低、远近、大小对比等诸要素的处理。这样，一幅完美和谐的构图就可以成功地制造出来了。

下面是人像摄影构图的几个注意事项，列出仅供大家参考：

①主体安排忌孤单无陪衬。

②主体位置应避免上下左右居中。

③水平线忌上下居中，应避免将画面割裂开来。

④画面横竖斜线忌割裂。

▲ 三角构图

⑤水平线及景物连天线应避免歪斜不稳。

⑥衬景应当以衬托主体为主，不可喧宾夺主，主次不分。

⑦物体拍摄忌居中，人像摄影忌正面拍摄。

⑧画面横、竖线条距离的排列，忌无疏密变化。

⑨画面应避免杂乱无章。

⑩景物断续线忌无高低起伏，一字排开。

4.打造完美人像——人物的处理和造型

除了要精通照相机这一手中的"武器"外，拍摄一幅成功的作品还要具备一定的摄影技巧，也就是人物的造型和处理，努力用娴熟的摄影艺术手段来塑造人物。

一般来说，照相机位置的选择、人物角度的确定、人与环境背景的搭配（包括服装、道具、适当的化妆修饰）以及光线的处理是影响人物造型的四个要素。这四个方面相互联系、相互影响、相互制约，共同发生作用。在人物造型中，这四个方面的因素不能孤立地单独分开和割裂开来，必须根据实际的摄影情况，综合考虑和使用这四方面的要素，正确地处理好人物的造型。

知识链接

对业余摄影者很管用的小建议

①时刻携带照相机，生活中许许多多珍贵而有意义的瞬间就不会被错过，可以随时随地地捕捉到它们。

②为了使被摄物体更清晰地呈现出来，拍摄者要走近拍摄对象。

③在拍摄人像时，让拍摄对象动起来。人物动感会使拍出的画面看上去更加生动自然。

④使用简单的背景，有利于让观看者的注意力集中到画面的主体身上。

⑤拍风景照时增加前景，能够增加画面的空间感和深度感。

⑥寻找好的光线。强烈的阳光是好光线的一种，阴天的光线有特殊的拍摄效果。

第六节 关于摄影的构图学说

面对着丰富多彩的现实生活，谁都想拍摄出生动感人的艺术作品。当你很熟悉自己的照相机和各种感光材料的性能并掌握了一定的用光、布光知识和技法，当你把镜头对着人物和具有典型意义的事件，对着雄伟的建设场景和壮丽的山河风光，你考虑的一定是如何构成一个理想的画面，创作出完美的艺术形象来。也许就在这个决定作品命运的一瞬间，你深深地感到构图是那么重要、那么关键。在很大程度上，构图决定着构思的实现，决定着作品的成败。因此，研究摄影构图的实质，就在于帮助我们从周围丰富多彩的事物中选择出典型的生活素材，并赋予它以鲜明的造型形式，创作出具有深刻思想内容与完美形式的摄影艺术作品。

1. 构图的概念

（1）什么叫"构图"

构图一词是英语 COMPOSITION 的音译，为造型艺术的术语。它的含义是：把各部分组成、结合、配置，整理出一个艺术性较高的画面。

《辞海》的解释是，构图为艺术家为了表现作品的主题思想和美感效果，在一定的空间，安排和处理人、物的关系和位置，把个别或局部的形象组成艺术的整体。在中国传统绘画

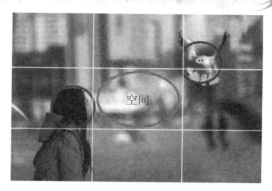

▲　拍摄前取景时的构想图

中称为"章法"或"布局"。这个术语中包含着一个基本而概括的意义，就是把构成整体的那些部分统一起来，在有限的空间或平面上对作者所表现的形象进行组织，形成画面的特定结构，借以实现摄影者的表现意图。总之，构图就是指如何把人、景、物安排在画面当中以获得最佳布局的方法，是把形象结合起来的方法，是揭示形象的全部手段的总和。

构图还需讲究艺术技巧和表现手段，在我国传统艺术里叫"意匠"。意匠的精拙，直接关系到一幅作品意境的高低。构图属于立形的重要一环，但必须建立在立意的基础上。一幅作品的构图，凝聚着作者的匠心与安排的技巧，体现着作者表现主题的意图与具体方法，因此，它是作者艺术水平的具体反映。概括地说，所谓构图，就是艺术家利用视觉要素在画面上按着空间把它们组织起来的构成，是在形式美方面诉诸于视觉的点、线、形态、用光、明暗、色彩的配合。

（2）构图的目的

每一个题材，不论它平淡还是宏伟，重大还是普通，都包含着视觉美点。当我们观察生活中的具体物象——人、树、房或花的时候，应该撇开其一般特征，而将其看作是形态、线条、质地、明暗、颜色、用光和立体物的结

▲ 摄影时构图的中心点图

合体。通过摄影者运用各种造型手段，在画面上生动、鲜明地表现出被摄物的形状、色彩、质感、立体感、动感和空间关系，使之符合人们的视觉规律，为观赏者所真切感受时，才能取得满意的视觉效果——视觉美点。也就是说，构图要具有审美性。正像罗丹所说的，"美到处都有，对于我们的眼睛，不是缺少美，而是缺少发现美"。作为摄影者，不过是善于用眼睛认识大自然并把这种视觉感受移于画面上而已。

构图的目的是：把构思中典型化了的人或景物加以强调、突出，从而舍弃那些一般的、表面的、烦琐的、次要的东西，并恰当地安排陪体，选择环境，使作品比现实生活更高、更强烈、更完善、更集中、更典型、更理想，以增强艺术效果。总的来说，就是把一个人的思想

情感传递给别人的艺术，这话真切地表达了构图的目的。

（3）构图的性质

构图和设计可以通用，因为它们的含义是一样的。设计的精确概念和它的原始含义是构思，即艺术家为了明确而动人地表达自己的思想而适当安排各种视觉要素的那种构思。

▲ 近与远，构图明确

构图不仅指具体操作，而且还意味着把整个形态作为与复杂的摄影规则相联系而描绘的对象，把自然物象引入到一个现实的境界，成为不同于自然的一个独立存在的世界。任何一幅优秀的摄影作品都是一个复杂的思想艺术的统一体。作品的复杂性是由生活的复杂性决定的。然而在画面处理上贴切自然，五彩缤纷，浑然天成，绝少斧凿痕迹，这是什么缘故呢？原因就在于摄影者在创作时，就像"工师之建宅"，经过一番选择提炼，筹划安排，在组织结构上下了

▲ 实与虚的交会，营造更大的空间

133

功夫，在"经营位置、置阵布势"中体现了摄影者对生活的理解和匠心独具。因此，我们在创作中一定要进行一系列的组织安排，巧思结构，精心布局，突出主要的方面，强调本质的东西，并把作品的主题思想体现到鲜明的形象组织中去。

在中国传统绘画中把构图结构称为"章法"或"布局"，"展纸作画章法第一"。位置经营如同围棋，下子格格皆可落，切勿迷乱。素纸也可处处落墨，切记不可胡乱抒笔。棋有棋路，画有画理，一笔走失如棋败局。古人将章法（构图）比作下棋，摄影也是如此，也要有一定的章法与布局，置阵布势。

■ 2. 创作与构图 ■

摄影创作是一种最少固定最多例外，最少常规最多变化的精神劳动。当一个摄影者的头脑被一个真实的情感意象所吸引、占有，又有能力把它保留在那里并用视觉形象表现出来时，他就会创造一个好的构图。摄影创作离不开构图，就像上面所谈的，和写文章离不开布局与章法一样，它是作品能否获得成功的重要因素之一，创作与构图的关系就是如此密切。

（1）主题的形成

创作原意是艺术家形象的活动，艺术之所以不同于生活的复制，主要是因为包含着创造和想象，包含着摄影者的激情和创造力，包含着形象思维力和概括力。无

▲　花朵开放的瞬间拍摄

疑，每个摄影者在他生活的任何瞬间，都有可能被某种思想感情所占据或激动，有时候这些思想感情使他难以摆脱，于是就开始在现实生活环境中热心地寻觅这种思想感情的表现。

摄影者在生活的瞬间中创造出摄影艺术作品来，这是一种奇特而高涨的激情形式。因此有些人把这种激情称作为"灵感"。这种灵感，心理学家认为是在创造活动中出现的一种心理现象。灵感是因思想高度集中突然爆发出来的创作能力。但灵感不是凭空而来，往往是经过一番苦思冥想后出现的。灵感的来临常常带有一定的偶然性，有时是在无意之中被触发的。激发灵感的机缘很多，各种启发因素的作用实际上是促使摄影者在想象中流动的，瞬间的未定形的思想感情明朗化并找到感性显现的美的形式。正像罗丹所说的："美到处都有，只有真诚和富有情感的人才能发现它。"生活和美是紧紧联系在一起的，生活中的一切无不

隐藏着美的因素，关键在于艺术家的敏锐的观察力和丰富的想象力，去发现美、探索美、创造美。

（2）主题与构图的关系

主题确立后，艺术构思是形象思想最活跃的阶段，在这个阶段里虽然有形象，但不是实践阶段。因此，事实上还有若干细节或人物形象可能尚有疏漏，而要完成创作意图，必须具体地把在

▲ 背景是冰冷和死亡

构思中的形象和画面描绘出来。如何表现是个技巧问题，但技巧正是整个构思的组成部分，而构思的成熟又取决于认识的深度。为了获得表现力，艺术家在画面上寻找"造型动机"、物体结合和各种变化，以便找出其中最优秀的一种，这就是构图。

每个艺术家都生活在现实的社会里，有自己扎根的土壤——人民和生活。离开了这块沃土，生命之树就会枯萎，艺术之光就会熄灭。作品总是体现着作者对生活的感受、思索、判断和结论，透过作品可以看出作者的素养、思想、性格、情趣、要求和愿望，在作品的后面是作者的个性，而在真正的创作活动里，形象是具有强烈个性的。

　　构图有它自身的规律和方法，摄影者根据他们内在的敏感来进行构图。造型艺术是视觉的艺术，靠眼睛就能分辨出构图的好坏。构图在其品质上的特征，首先应当使观赏者不用去看作品标题，也无须介绍和注解，凭视觉直觉立刻可感受到作者的意图。作者不能靠文字达意、用标题说话，靠人、物、景和整个画面的结构去表现作者所要表达的感情和对生活的炽热的爱。作品的主题思想，正是通过作者塑造的栩栩如生的具有鲜明个性的典型形象体现出来的，只有这样的作品，才能使观众产生如闻其声、如见其人、如临其境的真切感。

3.陪体在画面的地位和作用

陪体是指画面上与主体构成一定的情节，帮助表达主体的特征和内涵的对象。组织到画面上来的对象有的是处于陪体地位，它们与主体组成情节，对深化主体内涵、帮助说明主体的特征起着重要作用。画面上由于有陪体，视觉语言会准确生动得多。陪伴的作用有如下几个特点：

首先，陪体深化主体的内涵。以作品《技革迷》为例，画面的主体是两个工人，陪体是机器齿轮和桌上的饭，机器与工人和饭一起构成了生产技革的情节。

▲ 纹理连接主体与背景

由于作为陪体的大型机器旁边，工作桌上摆着的剩饭、工人正在聚精会神地研究，使情节中潜藏着许多的内涵，机器和桌上的饭，是工人的形象语言，它是工人在"四化"建设中，废寝忘食地搞技革的真实写照。这里陪体所帮助表达的视觉语言是文字难以表达的。

其次，画面处理好陪体，实质上就是要处理好情节。陪体的选择要能用来刻画人物的性格，说明事件的特征，也就是要有典型性。

再次，画面陪体的安排必须以不削弱主体为原则，不能喧宾夺主。陪体在画面上所占面积多少、色调的安排、线条的走向、人物的神情动作，都要与主体配合紧密、息息相关，不能游离于主体之外。由于画面布局有轻重、主次之分，所以陪体在画面上常常是不完整的，只需要留下能够说明主体的那一部分就够了。陪体全，主体会削弱，不要贪大求全，要从实际效果出发，取舍人有分寸感。

最后，陪体的处理也有直接和间接处理。

有时陪体有不直接见诸于画面的情况，我们说陪体虽是与主体构成情节的对象，但有一些画面与主体构成情

▲ 夕阳勾画出打球者的背影

节的对象不在画面之中，而在画面之外。画面上主体的动作神情是与画面以外的某一对象有联系的，这对象虽然没有表现在画面之上，却一定会出现在观赏者的想象之中，这种表现我们叫作陪体的间接表现。

陪体的间接处理是结构画面的一种艺术手法，它可以扩大画面的生活容量，创造画外之画，让观赏者的想象来参加画意的创造，引起欣赏的兴趣和回味的余地。所以结构画面要做到像外见意，画外有

画，画幅有限，画意无限。一些经典画例给我们以示范，如《深山藏古寺》，只画了小和尚下山溪边挑水；《竹锁溪桥卖酒家》，只在竹梢上写一"酒"字；《踏花归去马蹄香》，马蹄的香都不在画面之内，画面只见蝴蝶飞扑在马蹄之中，只留给观者去想象。绘画中的这些艺术构思很值得摄影者在立意和结构中学习，在选取素材、经营画面时，同时要考虑抒情性、哲理性及含蓄的审美要求，要学会利用间接处理陪体的手法，加强摄影画面的表现力和感染力。

4. 环境对烘托主体的作用

在许多的摄影艺术作品里，我们常常可以从画面上看到有些对象是作为环境的组成部分对主体、情节起着烘托的作用，以加强主题思想的表现力。作为环境组成部分的对象，处于主体前面的，我们称它为前景；处于主体后面的，我们称它为背景。

（1）前景

前景处在主体前面，靠近照相机位置。它们的特点是呈像大、色调深，大都处于画的四周边缘。前景通常运用的物体是树木、花草，也可以是人和物。陪体也可以同时是前景。

①利用一些富有季节性和地方特征的花草树木作前景，渲染季节气氛和地方色彩，使画面具有浓郁的生活气息。如用春天的桃花、迎春花作前景既交代季节性，又使画面充满春意；用菊花、红叶作前景，秋色洋溢画面；用冰挂、雪枝作前景，北国冬日的景象如在眼前，身临其境。再如拍摄海南风光，用椰树、芭蕉作前景，富有南国情调；用竹、红棉作前景，具有南方的乡土气息。这些前景对主题常常是有

▲ 远景和近景的对比摄影

力的烘托。

②前景用来加强画面的空间感和透视感。结构画面对镜头有意靠近某些人或物，利用其呈像大、色调深的特点，与远处的景物形成明显的形体大小对比和色调深浅的对比，以调动人们的视觉去感受画面的空间距离，视觉的效果画面就好像有了纵深轴线，使人感觉不再是平面的了。一些有经验的摄影者在拍摄展示空间场面的内容时，总力求找到适当的前景来强调出近大远小的透视感，而且常常利用前景与远景中有同类景物，如同是人、树、山等。由于远近不同，在画面上所占面积相差越大，则调动人们的视觉规律来想象空间的能力就越强，纵深轴线的感受就越鲜明。

③突出画面内容的概括力。在表现一些内容丰富、复杂的事物的时候，有意将所要表现的事物中最有特征的部分放置在前景位置上，是加强突出画面内容的一个重要手段（如《为了一个数据》《新炊间黄粱》）。如画面富有浓郁的生活气息，为了展示农村生活日益富裕的景象，前景是两只新的铝质水桶，上面摆着等着要下锅的鱼块、肉类、蔬菜、白米等，由于它们处在画面的前面，成像大而鲜明，给了人们

强烈的视觉印象，加强了对内容的概括力，增加了画面视觉感。

④运用前景与背景景物作内容上的对比，来完成摄影艺术常用的对比手法（如《差距》《第一接触》），形成令人深思的主题。

⑤前景给予人们一种主观的地位感。加强画面的地位感，如用门、窗、建筑物等鲜明特征的景物作前景，让其在画面上占有较大的位置，给

▲　沙滩的前景摄影

观者以心理上的影响，无形中就会缩短观者与画面之间的距离，产生一种身临其境的亲切感。这对增加画面的艺术感染力是很有利的。给观者以地位感，在其他艺术文学创作中都是很重视的，要引人入胜，先要引人入境。像李白的诗句一样："床前明月光，疑是地上霜，举头望明月，低头思故乡。"四句诗中第一句很重要，先说自己是在什么地方，是在床前看明月，所以后面引发出来的思故乡的情感才自然、真实。而摄影艺术要做到这一点，就常常借助于前景来达到。

⑥前景的运用可增加画面的装饰美。一些规则排列的物体，以及一些具有图案形状的物体用来作前景，使画面像装饰了一个精美的画

框或花边一样增加了美感，显得画面生动、活泼、跳跃（如《宝钢圆舞曲》《新的高度》），将人物镶嵌在中间，十分优美、优雅、自如。

（2）背景

背景是指在主体的后面用来衬托主体的景物，以强调主体是处于什么环境之中。背景对突出主体形象及丰富主体的内涵都起着重要的作用。背景的处理是摄影画面结构中的一个重要环节，只有在拍摄中细心选择，才能使画面内容精练准确，使视觉形象得到完美表现。

一切造型艺术家都很重视背景的作用，雕塑、绘画、建筑等艺术

▲　民族服饰的主题摄影

▲ 主体与背景都有内在秩序

都非常重视背景对主体的烘托。摄影艺术家同样懂得，背景对一幅摄影作品的成败有举足轻重之势。往往有这种情形：拍摄一幅作品，主体、陪体、神情、姿态都很理想，但由于背景处理不好而告失败。摄影画面的背景选择，应注意三个方面：一是抓特征；二是力求简洁；三是要有色调对比。

①首先要抓取一些富有地方特征、时代特征的景物作背景，明显地交代出事件发生的时间、地点和时代气氛，以加深观众对作品主题的理解，抓取有时代特征的景物，使人们了解时代背景。

如用冒烟的火车头或工厂的烟囱作背景，在20世纪50年代还是使人感到生活蒸蒸日上、祖国欣欣向荣的景象，能启发人们的审美感情；但在21世纪的今天，仍然用其作背景，

▲ 实与实的摄影

就会被说成是污染环境。拍摄人像也很重视选取富有特征的环境作背景来衬托人物的职业和性格特征。环境对人物的烘托，背景的衬托也有正衬、反衬之分。如幸福的儿童用鲜花盛开的花园作环境衬托，是正衬；如饥饿贫穷的儿童处在花花世界的繁华街道上，是反衬。

②背景的处理力求简洁。有人说过这样的话："绘画和摄影艺术表现手段的不同，在于绘画用的是加法，摄影用的是减法。"因为绘画反映生活总是给画面上添上些东西，而摄影反映生活则总是千方百计地减去那些不必要的东西。而其中重要的是将背景中可有可无的妨碍主体突出的东西减去，以达到画面的简洁精练。

从很多摄影作品上可以发现，许多有经验的摄影者都充分调动各种摄影手法以达到背景的简洁。有的是用仰角度避开地平线上杂乱的景物，将主要对象干干净净地衬托在天空上；有的用俯角度以马路、水面、草地为背景，使主体轮廓清晰，获得简洁的背景；有的利用逆光，将背景杂乱的线条隐藏在阴影中；有的用晨雾，将背景掩藏在白色的雾霭之中；有的用长焦距镜头缩小背景，将景物排除在画面之外；有的用虚焦点柔化背景线条……这些方法都可以收到简洁背景的效果。

③背景要力求与主体形成影调上的对比（在彩色摄影中要有色调对比），使主体具有立体感、空间感和清晰的轮廓线条，加强视觉上的力度。

处理轮廓形状的法则：暗的主体衬在亮的背景上；亮的主体衬在暗的背景上；亮的或暗的主体衬在中性灰的背景上；主体亮，背景亮，中间要有暗的轮廓线；主体暗，背景暗，中间要有亮的轮廓线。因为摄影是平面的造型艺术，如果没有影调或色调上的对比和间隔，主体形象就要和背景融成一片，丧失被视觉识别的可能性，所以有人把画面景调色调的对比，比作运载手段，有了它，画面形象才会凸出来送到观众面前。

5. 空白的留取

摄影画面上除了看得见的实体对象之外，还有一些空白部分，它们是由单一色调的背景所组成，形成实体对象之间的空隙。单一色调的背景可以是天

▲　纯色背景让视线凝聚在主体上

空、水面、草原、土地或者其他景物，由于运用各种摄影手段的原因，它们已失去了原来的实体形象，而在画面上形成单一的色调来衬托其他的实体对象。

空白虽然不是实体的对象，但在画面上同样是不可缺少的组成部分，它是沟通画面上各对象之间的联系，组织它们之间相互关系的纽带。空白在画面上的作用，如同标点符号在文章中的作用一样，不仅能使画面章法清楚、段落分明、气脉通畅，还能帮助作者表达感情色彩。下面具体分析一下画面空白部分的处理及其所起的作用：

（1）画面上留有一定的空白是突出主体的需要

要使主体醒目，具有视觉的冲击力，就要在它的周围留有一定的空白。如拍人物要避免头部、身体与树木、房屋、路灯及其他物体重叠，而将人物安排在单一色调的背景所形成的空白处。在主体物的周围留有一定空白，可以说是造型艺术的一种规律。因为人们对物体的欣赏是需要空间的，一件精美的艺术品，如果将它置于一堆杂乱的物体

▲ 展示生命的倔强

之中，就很难欣赏到它的美，只有在它周围留有一定的空间，精美的
艺术品才会放出它的艺术光芒。

（2）画面上的空
白有助于创造画面的
意境

一幅画面如果被
实体对象塞得满满的，
没有一点空白，就会
给人一种压抑的感觉。
画面上空白留得恰当，才会使人的视觉有回旋的余地，思路才有发生
变化的可能。人们常说："画留三分空，生气随之发。"空白留取得
当，会使画面生动活泼、空灵俊秀。空白处，常常洋溢着作者的感情、
观众的思绪，作品的境界也能得到升华。

画面的空白不是孤立存在的，它总是实处的延伸。所谓空处不空，
正是空白处与实处的互相映衬，才形成不同的联想和情调。比如齐
白石画虾，几只透明活泼的小虾周围大片空白，没有画水，但人们
觉得周围空白处都是水。摄影画面空白处与实处的经营，也应能激
起观众丰富的联想。利用空白来创造意境，在其他艺术中都有创造

性的作用。

（3）空白还是画面上组织各个对象之间呼应关系的条件

不同的空间安排，能体现不同的呼应关系。所谓呼应，总是由两个对象之间有一定距离构成的，如两个对象紧挨在一起，也就无所谓呼应。一切物体因开头不同，使用情况不同，线条伸展方向不同，光线照射不同等情况，都会显出一定的方向性，有向背关系。要仔细观察物体的方向性，合理地安排空白距离，以组织其相互的呼应关系。

（4）空白的留取与对象的运动有关

一般的规律是：正在运动的物体，如行进的人、奔驰的汽车等对象，前面要留有一些空白处，这样才能使运动中的物体有伸展的余地，观众心里才会觉得通畅，加深对物体运动的感受。人的视线也是一种具有合乎人们欣赏的心理

▲ 动态摄影照片

要求。总之，我们要善于灵活地、具有独创性地运用空白。

（5）画面上的空白与实物所占的面积大小，还要合乎一定的比例关系

要防止面积相等、对称。一般来说，画面上的空白处的总面积大于实体对象所占的面积，画面才显得空灵、清秀。如果实体对象所占的总面积大于空白处，画面重在写实，但如果两者在画面上的总面积相等，给人的感觉就显得呆板平庸，这是一个形式感觉的问题。

我国古代绘画论说："疏可走马，密不透风。"也就是说在疏密的布局上走点儿极端，以强化观众的某种感受，创造自己的风格。空白的留舍及空白处与实处的比例变化，的确是一项创造性的画面布局的重要手段。

6. 线条的表现力

构图主要是由两大因素组成的，一个是线条，另一个是影调。它们是一幅摄影画面的"肌肉"和"骨架"。任何一幅照片，它们的画面都是由不同形状的线条和影调构成的。

▲ 花成为主体

那么如何在画面里根据主体和内容的需求来结构画面的线条呢？下面分别谈谈线条的特点：

（1）线条的提炼

线条是客观事物存在的一种外在形式，它制约着物体的表面形状，每一个存在着的物体都有自己的外沿轮廓形状，都呈现出一定的线条组合。比如正方形的桌子、长方形的柜子，它们有棱有角，有面有分界线，圆的球、圆形的柱子等有孤形的线条，树木有垂直线，河岩有曲线，车船、树、瓜果等生活中任何一样东西都有自己的形状和轮廓线条。物体的不同运动，也呈现出不同的线条组合，站立着的人和跑着的人，两者线条结构都不同。由于人们在长期的生活中对各种物体的外沿线条轮廓及运动物体的线条变化有了深刻的印象和经验，所以反过来，通过一定线条的组合，人们就能联想到某种物体的形态和运动。因此，所有造型艺术都

▲ 变幻的线条，变幻的空间

非常重视线条的概括力和表现力，它是造型艺术的重要语言。

摄影艺术同样必须重视线条的提炼和运用，要善于利用角度、光线、镜头等自身特有的手段，把不同物体的富有表现力的外沿轮廓加以突出和强调，使之清晰简洁，借以再现准确、鲜明、生动的视觉形象。说到线条的运用时，一般理解为某种线型的排列组合或者某种线条的图案美和线条趣味，实际上只要在画面上塑造可视的形象都离不开线条的提炼。比如，要想再现人的表情、动作、姿态，必须选择角度、光线等，将人的面部线条、动作姿态的外沿轮廓线勾画出来，平展在画面上，人们才能感受其表情、姿态和动作的内容，并受到感染，否则形象就会消失。古今画家们就是用这些丰富的线条技巧，以及线条的表现形式来表现人物和景物的质感、量感和空间感，运用线条来抒发自己的情感。所以说，线条是各种造型艺术表现形式的灵魂。

（2）线条的功能

线条的功能可以归纳为以下三个方面：

①线条可以作用于画面的整

▲ 线条的韵律美

体结构和主体形象的总的姿态，无论是大海、森林，还是高山和深谷，包括我们看到的所有自然现象，并根据其特点，选出横、直、曲斜等线条形式，在画面结构中发挥它主要的作用。

②线条可以通过对主体、陪体和背景等细部的刻画，造成不同的质感、量感和空间感。

③线条在造成一件作品的旋律、节奏和意境方面也起着很重要的作用。

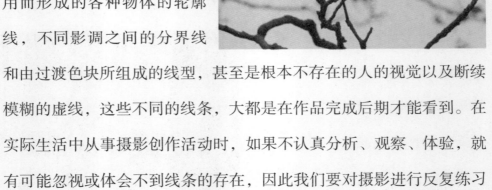

线条并不是客观存在的实体，它只不过是因光的作用而形成的各种物体的轮廓线，不同影调之间的分界线和由过渡色块所组成的线型，甚至是根本不存在的人的视觉以及断续模糊的虚线，这些不同的线条，大都是在作品完成后期才能看到。在实际生活中从事摄影创作活动时，如果不认真分析、观察、体验，就有可能忽视或体会不到线条的存在，因此我们要对摄影进行反复练习才有可能充分利用线条来完成构图。

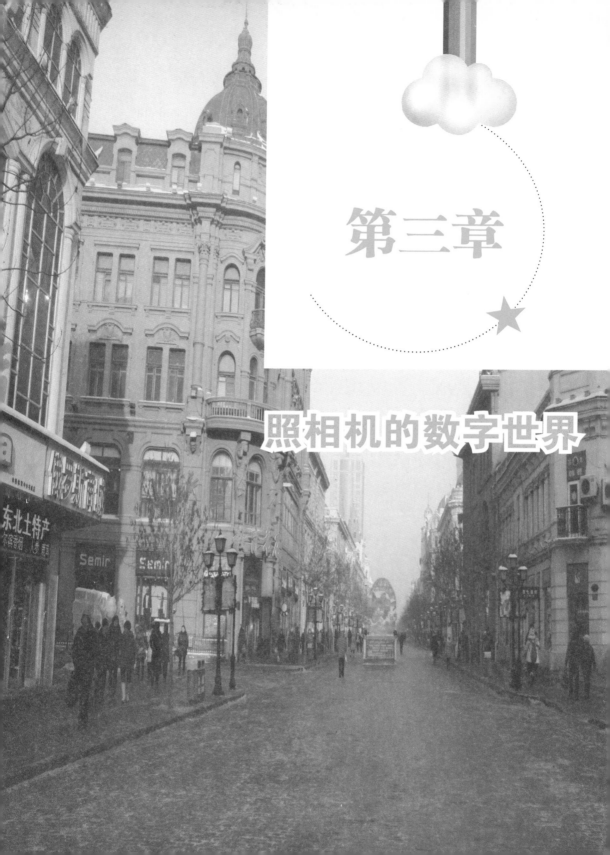

第三章

照相机的数字世界

第一节　数码相机

数码相机也叫数字式相机，是数字技术与照相机原理相结合的产物。数码相机采用 CCD（Charge-Coupled Device）——电子耦合器作为图像传感器，把光线转变为电荷（光电转换），再通过模数转换器芯片将模拟信号转化成数字信号，并经压缩后存储在照相机内置的存储器内或存储在存储卡上。数码相机集影像信息的转换、存储、传输等部件于一体，采用数字化模式，可在电脑上直接处理，是光、电、机一体化的高科技产品。

1."五花八门"——数码相机产品的分类

数码相机按不同的标准可分为很多种，根据它最常用的用途可分为单反相机、卡片相机、长焦相机三类。

单反数码相机即单镜头反光数码相机，英文缩写为 DSLR（Digital Single Lens Reflex），分别取自英语单词 Digital（数码）、Single（单独）、Lens（镜

▲　佳能单反 IDsMark Ⅱ

头）、Reflex（反光）的第一个字母。目前市面上常见的单反数码相机品牌有尼康、佳能、富士、宾得等。

▲ 索尼卡片相机 T10

在摄影界内，卡片相机没有明确的概念，一般来说，外形小巧，机身相对较轻，设计超薄时尚，外观看起来像一张稍厚的卡片的数码相机就叫卡片相机。其中索尼 T 系列、卡西欧 Z 系列、奥林巴斯 AZ1 等都属于这一领域。与其他类型照相机相比，卡片相机具有大屏幕液晶屏、操作便捷、外观时尚、机身小巧纤薄的优点，但是镜头性能较差，超大的液晶显示屏耗电多。

长焦数码相机是指那些具有较大光学变焦倍数的机型，且光学变焦倍数越大，拍摄的景物就越远。主要代表机型有美能达 Z 系列、松下 FX 系列、柯达 DX 系列、富士 S 系列等。长焦数码相机的镜头越长，内部的镜片和感光器移动空间越大，所以变焦倍数也越大。

▲ 佳能长焦相机 S3IS

157

2. "存储大战"——数码相机数据存储

从目前市场上来看，数码相机的影音存储格式有很多种。下面，我们有所侧重地来介绍几种格式。

（1）AVI 档案格式

扩展名为 AVI 的影音格式，可说是最早普及的规格之一，其中 MicroSoft Mediea Player 8.0 则是兼容度最佳的 AVI 影音播放软件，它是目前最为常见的动态影像格式。

（2）MOV 档案格式

MOV 是目前大多数数码相机厂商最常采用的动画格式之一。主要原因在于其精简的压缩技术，提供了使用者在低分辨率下不错的影音选择，还有与之相配套的播放软件，如 QuickTime，它已获得苹果计算机的免费授权使用权。4.12 以上的版本不仅能处理视讯、动画、图形、文字、声音，甚至处理 360° 虚拟实境（VR）也不是问题。

（3）Motion JPEG – AVI 档案格式

由于 JPEG 采用的是全彩影像标准，能以独特的失真压缩技术 DCT，将影像资料中较不重要的部分去除，有效减少文件大小。若将动画播放能力与 JPEG 相结合，则被称之为 MJPEG（即 Motion JPEG 的缩写）。Nikon CoolPix 9XX 系列以及一些简单的视频会议用的网络摄影机，都喜欢采用这种格式。

（4）ASF 档案格式

ASF 格式的特点是影像部分采用最新 MPEG4 压缩方式，声音部分则改用其自行研发的 WMA 格式（其压缩比 MP3 还强两倍，音质与 MP3 相近，WMA 的保密条款与设计使用权的档案不像 MP3 那样容易被复制）。

（5）RM 档案格式

RealVideo 是 RealNetworks 专为网络影音所开发的实时播放软件，可以在网站上提供实时的影音节目，可提供声音的实时播放。RM 还可以支持线上 Stream Line 直接播放。不过由于 RM 画质不佳的缺点得不到有效解决，目前市面上还没有支持 RM 录化格式的数码相机。

（6）GIF 动画格式

严格说来，GIF 是动态图片展示格式。标准规格分

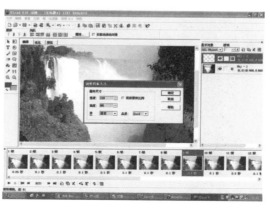

▲ GIF 动画格式

为 GIF87a 和 GIF89a 两种，在数码相机应用上，只有 SONY 一家可以直接制作 GIF CLIP。

3. "各领风骚"——数码相机常见品牌

目前数码相机市场上有国产的，也有国外公司生产的，品牌种类繁多，其常用品牌可归纳为以下几种：佳能（Canon）、爱国者（aigo）、尼康（Nikon）、联想（Lenovo）、松下电器（Panasonic）、索尼（Sony）、富士胶卷（Fuji Film）、柯达（Kodak）、奥林巴斯（Olympus）、宾得（Pentax）、三星（Samsung）、莱卡（Leica）、理光（Ricoh）、明基（BenQ）、卡西欧（Casio）等。

（1）佳能

佳能拥有最为雄厚的技术实力和市场运作能力，是目前数码相机行业公认的老大。在市场占有率上，它的数码影像产品一直处于领先地位，而且拥有顶级的光学技术、核心部件 CMOS 感光器的生产能力、独步天下的软件消噪技术，相机成像质量很高，色彩还原真实，噪点少。

佳能的消费级数码相机产品多种多样，十分丰富，性能优异，

▲ 佳能 A650IS

有五大主要类型。

①家用型低档手动机 A 系列，适合初学摄影技术的新手朋友。

②超薄时尚型卡片机 IXUS 系列，是各品牌中少数能和索尼 T 系列争夺市场的型号，非常适合年轻一族。

③长焦型 SIS 系列，适合远景和动物拍摄。

▲ 佳能 IXUS960IS

④广角相机 S 系列，适合风景拍摄。

⑤高端专业 PRO 系列及准专业 G 系列，适合专业摄影师或有较高摄影技术的摄影爱好者。

A 系列和 IXUS 系列是其消费级数码相机中最著名的，占有很高的市场率。佳能的强项是数码单反领域，佳能数码单反相机 EOS 是其中最著名的。目前，佳能在顶级数码单反技术领域内具有先发优势，领先于其他竞争对手，但其不足之处是，其核心部件 CCD 感光器来自其他提供商。

（2）柯达

柯达是美国著名的影像器材生产商，有着悠久的历史，世界上第一台数码相机

▲ 柯达数码相机

是柯达公司生产的。在胶片时代，它是色彩标准的制定者，曾推出过全画幅的数码单反（2004 年退出了单反市场），能够自主研发 CCD 感光器，因此有着不可磨灭的成就。但是柯达大部分采用德国施耐德的品牌镜头，光学技术上较为薄弱。

▲ 柯达 Z650

目前，凭着"非日系"（品牌机中非日本国产品）的光环及较高的性价比，柯达主打消费级数码相机赢得了不少用户，尤其是其几款长焦机，产品综合素质可与日系机相抗衡，如经典长焦机 DX6490。

经过改革，柯达主要机型有 4 大系列：p 系列——全功能系列，具备手动功能；z 系列——大变焦系列；c 系列——简约系列；v 系列——时尚轻薄系列，其中 v570 为双镜头数码相机的先驱，有自己鲜明的特点。

总的来说，柯达相机的最大特点是成像色彩鲜艳，细节表现略差。

▲ 柯达 P712

■ ◆ 4."神奇小帮手"——数码相机主要配件 ◆ ■

数码相机有 UV 镜片、液晶保护膜、气吹、镜头布、摄影包等主要配件。

UV 镜片用来过滤空气中多余的紫外线，同时保护镜头。UV 品牌中比较著名的有保谷、哈森、肯高、B+W 等。UV 镜片的价格参差不齐，从几十元

▲ 保谷 UV 镜片

到几百元不等。选择 UV 镜片应注意其镜面是否有镀膜。

液晶保护膜主要是防止液晶屏幕划伤。使用这种保护膜时，静电吸附在液晶屏幕的表面。如果使用时间长了，保护膜表面划伤比较严重可以及时更换。

气吹用来清理镜头以及数码相机表面的灰尘。清理时，一定要注意吹头不要碰到镜头而导致镜头划伤。

镜头布是配合气吹来同时使用的。

摄影包的购买首先要明确其选择性能（也就是买包干什么用），比如防雨、防震、防火，等等。现在市面上的摄影包有JEEP、乐摄宝、白金翰、伟峰、巴斯特、日华、吉多喜等很多品种。

▲ 吉多喜摄影包

5. "记忆大侠"——存储卡

存储卡是用于便携式电脑、数码相机、手机、MP3 和其他数码产品上的独立存储介质，一般是卡片的形态，故统称为"存储卡"，又叫"数码存储卡""储存卡"等。存储卡体积小巧，携带方便，使用简单。大多数存储卡可在不同的数码产品之间交换数据，具有良好的兼容性。近年来，数码产品不断地发展，存储卡的存储容量不断地提升，应用也迅速地普及起来。

数码相机的存储卡用来保存相片，主要有 CompactFlash、SmartMedia、SmartMedia 等较常见的规格。每种存储卡各有优点，容量大小也不同。

CompactFlash 是目前市场上历史悠久的存储卡之一，简称为 CF 卡。它兼容性好，存储容量大，成本低，体积轻巧方便，易于携带。它是由美国 SanDisk、德国 Ingentix、日立、东芝、松下等 5C 联盟于 1994 年率先推出的，厂商根基十分牢固，拥有佳能、卡西欧、爱普生、IG 等众多的 OEM 用户和合作伙伴。

▲ 数码存储卡

目前数码相机采用的 CF 存储卡中，存取速度的标志为 ×，其中"1 ×"=150KB/s，如 4 ×（600KB/s）、8 ×（1.2MB/s）、12 ×（1.8MB/s），存取速度最高为 40 ×。在 CF 存储卡中，为了优化数码相机和存储卡的读写速度，厂商一般会采用一些专利技术，如 Lexar 公司的写加速技术（WA）。

SmartMedia 为较新的内存规格，体积较 CF 小，又称为 SSFDC 卡。

它的体积非常轻薄，容量的发展因此受到限制，其产品的最高容量为 128G。SmartMedia 使用的转接设备在使用上有较大的选择性，有软盘转接卡、读卡机及 PCMCLA 三种。

SM 卡是由东芝公司于 1995 年 11 月发布的 Flash Memory 存储卡，1996 年，三星公司购买了它的生产和销售许可，东芝和三星是主要的 SM 卡厂商。SmartMedia 卡曾在 MP3 播放器上非常地流行。

▲ SmartMedia

SM 卡的体积为 37 毫米 × 45 毫米 × 0.76 毫米，体积小，非常轻薄，因为它本身没有控制电路，并由塑胶制成（被分成了许多薄片）。在 2002 年以前，SM 卡广泛应用于奥林巴斯和富士的数码相机里。它的兼容性稍差，目前市场上已很难看到它的存在了。

Memory Stick 是 Sony 公司于 1999 年推出的存储卡产品，外形与口香糖相似，长度等同于普通的 AA（即 5 号）电池，质量仅为 4 克，因此又叫记忆棒，缩写为 MS。它采用的是 10 针接口结构，内置写保护开关，根据外壳颜色分为蓝条与白条两种。目前 MS 已广泛应用于

▲ MemoryStickPRO（sd 卡）

数码摄像机、数码相机中。主要有 MS PRO、MS Duo、MS Micro、MS PRO Duo、Compact Vault 等扩展升级产品。

※Memory Stick 只适用于 Sony 所研发生产的系列产品。

※IBM 公司开发的 Microdrive 小硬盘，有较大的容量，也是专用数码相机很好的选择。

■ 6.数码相机的"发动器"——电池 ■

在数码相机的使用过程中，应该正确使用和维护电池。下面我们来认识一下电池及其有关知识。

（1）电池概述

传统意义上的电池是指盛有电解质溶液和金属电极以产生电流的槽、杯或其他容器或复合容器的部分空间。随着科技的进步，电池泛指那些自动产生电能的各

▲ Microdrive

种各样的小型装置，如太阳能电池。

实用的化学电池可分为原电池和蓄电池两个基本类型。原电池制成后即可产生电流，放电完毕即被废弃；蓄电池使用前须先充电，放完电后可继续充电使用，又称为二次电池。蓄电池充电时，电能转换成化学能，而放电时，化学能转换成电能。

▲ 电池

（2）电池的主要性能参数

电池的主要性能包括电动势、额定容量、开路电压、额定电压、内阻、阻抗、充放电速率、寿命和自放电率。

（3）电池的分类

电池的种类很多，主要有干电池、蓄电池，以及体积小的微型电池等常用电池。此外，还有燃料电池、金属—空气电池以及其他能量转换电池，如太阳能电池、核电池、温差电池等。

（4）电池与环保

随意丢弃废旧电池是一种资源浪费，是对环境的污染和破坏。目前，废旧电池严重污染环境，引起社会各界的广泛关注，废弃电池的回收和再利用对环境保护至关重要。我国是世界上头号干电池生产和消费大国，应采取有效措施，做好废弃电池的回收和再利用。

▲　废旧电池

废旧电池中含有重金属镉、铅、汞、镍、锌、锰等，其中对人体危害较大的物质是镉、铅、汞，而镍、锌等金属在一定浓度范围内是有益物质，如果它的浓度超过极限，也将对人体造成危害。废旧电池中渗出的重金属首先对江、河、湖、海等造成水体污染，然后间接地危及依靠江、河、湖、海生存的人类。因此，如果对废旧电池不予处理或收集与处置废旧电池不当，则会对生态环境和人类健康造成严重危害。

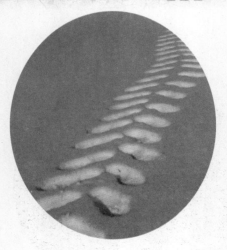

锌锰电池及锌汞电池是人们日常生活中使用最多的电池，它们对人体和环境造成污染和危害的主要是汞（Hg）和镉（Cd）。

①汞的毒性

汞就是人们俗称的"水银"，是一种在常温下为液体的物质，可阻止电池中阴极金属锌的氧化，这一化学特性可以提高电池的贮存寿命。但是汞和汞的化合物都具有神经毒性，危害人体分泌系统、免疫系统，导致人口齿不清、步态不稳、四肢麻痹、全身痉挛或精神失常而死。在自然界，废弃电池中的汞从电池中慢慢地渗透出来，污染土壤或水源，之后微生物使无机汞转化成甲基汞，聚集在鱼体内，人食用了这种鱼后，甲基汞进入人的大脑细胞，严重破坏人的神经系统，重者会发疯致死。最著名的例子是日本水俣病事件。

知识链接

传统照相机和数码相机的区别

最主要的区别就是成像原理，传统照相机是胶片成像，底片上常覆盖一层特殊感光材料，主要是银的化合物，比如碘化银，在光照下进行分解，分解的程度与光照强度有关，这样就能把光的信息记录下来，然后用显影液把底片洗成的像放大在相纸上。

数码相机通过电子感光元件（主要是 CCD 和 CMOS 两种）成像，效果与它们的像素有关，像素越大成像效果越好。数码相机的原理就是把光信号转化成电信号，然后按二进制方式记录下来生成图片文件，图片格式通常为 JPEG，也就是人们经常看到的图片格式。数码相机通常具有把电信号还原的处理器，这样我们就可以在 LCD（液晶显示器）上查看照片了。

②镉的毒性

镉不是人体所必需的微量元素，新生婴儿体内没有镉，人体内

的镉是随着年龄的增长而逐渐累积起来的。镉具有肾毒性，对肾会造成不可逆的损伤。肾损伤后可引起骨质软化、骨骼变形，严重时形成自然骨折，以致死亡。1993年，国际抗癌联盟就将镉定为ⅠA级致癌物。许多发达国家已建议禁止使用镉镍电池，用镍氢电池来取代镉镍电池。

第二节　数码摄影系统的组成

1. 不可或缺的部分——数码摄影系统的组成

数码摄影系统由数码影像输入系统、数码影像处理系统和数码影像输出系统三部分组成。

▲　宝丽来胶片扫描仪

（1）数码影像输入系统

数码摄影输入系统是对摄影影像进行数字化处理的系统，数码相机所拍的影像，已经是数字化的影像，不需再做数字化处理，就可以直接输入计算机进行处理。一般用来完成影像数字化处理的系统是扫描仪。

扫描仪有很多划分标准。

① 按扫描的影像种类划分为照片扫描仪和胶片扫描仪。

② 按扫描方式划分为光电滚筒式扫描仪和 CCD 平板式扫描仪。

▲　照片扫描仪

▲　德国喜利得 ps20 便携式钢筋扫描仪

▲　滚筒式扫描仪

③按携带方便程度划分为座机式扫描仪和便携式扫描仪。

（2）数码影像处理系统——电脑与软件

①电脑

容量大、速度快、彩色显示能力强、具有色彩控制和校正功能的电脑能产生高质量的影像。

▲ 电脑

②软件

有系统软件和应用软件两大类电脑软件。系统软件管理和调度电脑系统的处理器、存储器、输入输出设备等，应用软件则是在系统软件正常工作的基础之上处理应用中的问题。

数码影像处理的计算机系统软件主要有 Adobe Photoshop、Imagination、Corel Draw、Paintshop；其中使用最广的是 Adobe Photoshop，不同的扫描仪对软件版本的要求不同。

（3）数码影像输出系统

数码影像输出系统是指经

电脑处理后的数码影像，可以用不同的输出设备分别输出胶片（黑白或彩色）、照片（打印照片）或照相光盘。

①数码胶片记录仪

数码胶片记录仪是用于输出胶片的设备，有各种不同的规格和性能。

※ 从规格来看，有35毫米胶片记录仪、120毫米胶片记录仪、页片记录仪等数码胶片记录仪。

※ 从性能来看，记录效果有高精度、中等精度和低精度等多种，以满足不同需要。中等精度和高精度的数码胶片记录仪均可达到传统摄影专业型胶片的影像质量。

②数码打印机

数码打印机可将数码影像打印在纸上。在现实生活中，有很多种类的打印机，性能差别很大。一般有喷墨打印机、激光打印机、热升华数码打印机等几种打印机。

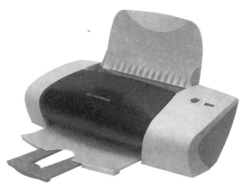

▲ 喷墨打印机

▲ 激光打印机

▲ 热升华数码打印机

③照相光盘

照相光盘是记录数码影像的一种新媒体，英文为 Photo CD。

照相光盘存储影像，体积小、质量轻、存储量大、保存期长。它可供欣赏影像（用 Photo CD Player 在电视机上播放），还具有其他多种用途，如专业影像的处理、印刷、出版等。

制作照相光盘需采用的设备主要包括高性能计算机、高分辨率扫描仪、光盘刻录机和阅读器等。

2. 不一样的视觉冲击——数码影像的电脑处理

（1）电脑与软件

数码影像的电脑处理是指对影像进行修改、调整、剪裁及其他技术处理的过程，用以提高影像质量，改善视觉效果，加强信息量传递或增强影像的可欣赏性等。它是数码影像电脑处理系统中影像处理的一个重要环节，主要通过电脑和软件来处理数码影像，对电脑和软件均有特殊的要求。

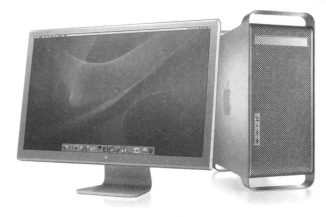

▲ 苹果电脑

苹果电脑或其他高性能 PC 机是常用的影像处理电脑。

Adobe Photoshop 是常用的影像处理软件，它是美国奥多比公司（Adobe systems Incorporated）旗下最为著名的图像处理软件之一，为平面设计工作者、摄影工作者、影像制作者、多媒体科研及工作人员广泛采用。奥多比公司是著名的图像处理软件供应商，成立于 1982 年。

Photoshop 是一个很好的图像编辑软件，广泛应用于各个领域，涉及图像、图形、视频、文字、出版等各方面。

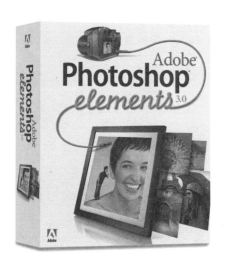

▲ 软件广告

①平面设计

Photoshop 应用最为广泛的领域是平面设计，图书封面、大街上看到的海报、招贴画等具有丰富图像的平面印刷品，大部分都是经过 Photoshop 图像处理后的效果。

②修复照片

Photoshop 具有强大的图像修饰功能，可以快速修复破损的老照片，修复人脸上的斑点、瑕疵等缺陷。

③广告摄影

广告摄影对视觉要求非常严格，往往要经过 Photoshop 的修改后，其最终成品才能得到满意的效果。

④影像创意

　　影像创意是 Photoshop 的特长，Photoshop 可将原本风马牛不相及的对象组合在一起，也可使用"狸猫换太子"，使其修改后的图片发生面目全非的巨大变化。

　　⑤艺术文字

　　Photoshop 可使文字发生各种各样的变化，可以利用这些艺术化处理后的文字增加图像效果。

　　⑥网页制作

　　Photoshop 是必不可少的网页图像处理软件，随着网络的普及，更多的人希望掌握 Photoshop 这个图像处理软件。

　　⑦建筑效果图后期修饰

Photoshop 可以帮助制作三维场景的建筑效果图，增加、调整人物和配景包括场景的颜色。

⑧绘画

Photoshop 具有良好的绘画与调色功能。在使用铅笔绘制草稿之后，许多插画设计制作者再运用 Photoshop 填色的方法来绘制插画。近些年来非常流行的像素画，也是设计师使用 Photoshop 创作的作品。

⑨绘制或处理三维贴图

Photoshop 可以为三维软件制作的模型绘制逼真的贴图，使模型得到较好的渲染效果。

⑩婚纱照片设计

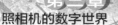

当前婚纱影楼广泛使用数码相机照相，一般用 Photoshop 设计处理婚纱照片。

⑪视觉创意

视觉创意与设计是设计艺术的一个分支，没有很明显的商业目的，很多的设计爱好者通过 Photoshop 这个图像处理软件进行具有个人特色与风格的视觉创意。

⑫图标制作

使用 Photoshop 可以制作非常精美和漂亮的图标。

⑬界面设计

界面设计是一个新兴的领域，还没有属于界面设计自己的专业软

件之前，设计者绝大多数都使用 Photoshop。

Photoshop 在实际应用上，远远不止上面列出的 13 大应用领域。目前的影视后期制作及二维动画制作，Photoshop 也有所应用。

※Adobe Photoshop 功能特色

从功能上看，Photoshop 有图像编辑与合成、校色调色、特效制作等功能。

①图像编辑是图像处理的基础，可对图像做各种改变，如放大、旋转、缩小、镜像、倾斜、透视等，也可进行复制、修补、去除斑点、修饰图像的残损等。在婚纱摄影、人像处理制作上，Photoshop 起到了非常好的作用，对一张破损以及外观难看的图片进行美化加工后，可以得到非常满意的效果。

②图像合成是将几幅不同的图像，通过 Photoshop 的图层操作、工具应用功能，合成一张完整的、传达明确意义的图像。美术设计运用 Photoshop 所

▲ 经制图软件处理过后的照片

提供的绘画工具，把外来的图像与创意很好地融合，使合成的图像天衣无缝。

③校色调色是对图像颜色的明暗、色变进行方便快捷的调整和校正，也可在不同的颜色中进行切换，以满足图像在不同领域的应用，是 Photoshop 中最重要的功能之一。网页设计、印刷、多媒体等方面都要用到这一功能。

④特效制作包括图像的特效创意和特效字的制作，是由其滤镜、通道及工具综合地应用来完成的。常用的传统美术技巧如浮雕、油画、石膏画、素描等都可通过 Photoshop 的特效完成。

（2）影像处理技术

现代数码影像处理系统既可用于黑白影像的电脑处理，又可用于彩色影像的电脑处理。

▲　PS 前后照片对比

知 识 链 接

1.焦点是指来自无限远处的平行光线经过镜头的折射，在镜头主轴上集成的一个清晰的点。

2.标准镜头指镜头焦距和底片对角线长度相等的镜头，其视角接近于人眼的正常视角，约为30度。

3.傻瓜镜头是一种全自动照相机镜头，既能自动曝光，又能自动对焦，当然还具有其他多种功能，如自动识别胶片感光度、自动卷片、自动倒片等。

4.电子对焦镜头即EF（Electronic Focusing）镜头，由日本佳

能公司为 EOS 系列照相

机设计、制造，融现代

化的电子技术、精确的

机械性能及精密的光学

技术于一身。

5.广角镜又叫短焦

镜头。它的镜头焦距非常短，视角大，景物投射到底片上就变小

了，因而能拍摄到较大面积的景物。其广泛用于大场面摄影作品

的拍摄。

6.用于调整距离的设置就是测距系统，也称测距器，或称对

焦系统。

7.尽管镜头的有效口径是固定不变的，但随着光圈的开大或

缩小，实际的通光孔大小却没有改变，这种可变的口径称作相对

口径。

8.感光度是指感光片对光线的敏感程度。

9.显影剂是显影液中最主要的成分，其功能是使感光片中已

感光的卤化银还原成为金属银粒，所以，它也是一种还原剂。

10.反差指画面中影像不同部分的明暗差别程度。

图片授权

全景网

壹图网

中华图片库

林静文化摄影部

敬　启

　　本书图片的编选，参阅了一些网站和公共图库。由于联系上的困难，我们与部分入选图片的作者未能取得联系，谨致深深的歉意。敬请图片原作者见到本书后，及时与我们联系，以便我们按国家有关规定支付稿酬并赠送样书。

　　联系邮箱：932389463@qq.com